机床结构动静态特性分析、测试和优化

满 佳 著

中国纺织出版社有限公司

内 容 提 要

机床结构优良的动静态特性是其加工性能的基础。利用仿真分析和测试技术等确定机床结构的薄弱环节，并给出有效的优化方案，具有极大的工程价值。书中介绍了机床结构动静态性能测试、分析和优化工程案例：齿轮机床、龙门铣床和加工中心等数控机床主机结构的优化设计；轴承外圈精研机提速增效时的抑振改造；立式磨床和锥齿轮铣齿机加工波纹成因和消除。每个工程实例均给出了优化前后效果的实测结果。望此书能为机床设计人员优化结构设计、提高机床性能提供一定的参考和借鉴。

图书在版编目（CIP）数据

机床结构动静态特性分析、测试和优化 / 满佳著
. -- 北京：中国纺织出版社有限公司，2024.1
ISBN 978-7-5229-1407-7

Ⅰ.①机… Ⅱ.①满… Ⅲ.①数控机床－结构－研究
Ⅳ.①TG659

中国国家版本馆CIP数据核字（2024）第036931号

责任编辑：张 宏　　责任校对：高 涵　　责任印制：储志伟

中国纺织出版社有限公司出版发行
地址：北京市朝阳区百子湾东里A407号楼　邮政编码：100124
销售电话：010—67004422　传真：010—87155801
http://www.c-textilep.com
中国纺织出版社天猫旗舰店
官方微博 http://weibo.com/2119887771
河北延风印务有限公司印刷　各地新华书店经销
2024年1月第1版第1次印刷
开本：787×1092　1/16　印张：7.75
字数：140千字　定价：98.00元

前言

　　数控机床支承件的设计是机床研发过程中的一项重要基础性工作。支承件是机床的骨架，也被称为结构件。其承载着机床在加工过程中的各种动静态载荷，决定了整机的加工精度和效率。支承件动静态性能若存在不足，采取补救措施进行改善的可能性不大，效果也较差，往往需要重新设计制造。寻找机床支承件的最优或近优设计方案，是提高数控机床整体使用性能的基础，也是提高新产品开发成功率的核心。利用实验分析方法和数值分析方法可有效提高支承件的设计水平，总结和分析支承件的设计规律，便于缩短设计时间和提高初始设计的成功率。

　　本书所述案例均为工厂生产实践的案例，产品为正在销售产品。这些案例包括如下产品：规格 $\phi 200 \sim \phi 600$mm 的螺旋锥齿轮铣齿机三个型号；加工规格为 $\phi 800$mm 和 $\phi 1600$mm 数控立式磨床两型号；轴承外圈超精研机；经济型数控龙门铣床。最后，还给出了大直径圆柱齿轮铣齿机、$\phi 500$ 立式磨床和箱中箱卧式加工中心三类机床结构优化的核心环节。

　　综合使用实验测试和数值分析方法提高机床整机的动静态性能是本书的主要内容和目的。以螺旋锥齿轮铣齿机为实例，给出了综合利用实验测试分析机床薄弱环节，利用数值分析方法优化其主要构件的全过程。以轴承外圈精研机的提速抑振为实例，重点研究改善存在往复运动机构数控机床的动态性能的方法。消除立式磨床波纹的实例，证明只对关键环节进行测试便可确定薄弱环节。经济型数控龙门铣床的案例则表明，仅依靠数值分析模型进行优化设计，可获得具有实用价值的工程优化结果。

本书中所述案例除作者亲自参与和操作外，还有其他众多人员也为此做出了巨大贡献。在实验过程中，在各相关厂家的设计、装配和操作人员协助下，才能顺利完成现场实验工作，笔者才能完成此书，在此衷心感谢各位。

由于笔者水平有限，加上时间仓促，书中难免存在错误、疏漏和考虑不周之处，敬请广大读者批评、指正。

满 佳

2023 年 5 月

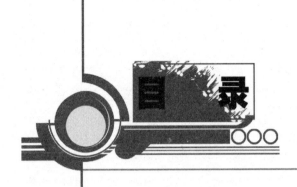

目　录

绪　论

具有良好动静态性能的主机是数控机床良好加工精度和效率的基础，也是数控机床的数控和伺服系统等电气部分能发挥最大潜能的保证。数控机床主机由自主设计的支承件和运动功能部件两部分组成。数控机床主机的支承件和传动部分一般为自主设计；其导轨、丝杠和轴承等功能部件，一般根据主机的性能要求选用适当规格。数控机床的主机结构、内部传动链设计不合理会严重影响主机的性能；运动功能部件选择不合理也会严重影响整机性能。研究这些支承件的设计规律以及机床传动机构、运动功能部件对机床整机性能的影响，对提高数控机床整机的性能有十分重要的意义。

1.1　数控机床动静态性能与整机性能的关系

机床动静态性能主要受其主机结构的静刚度、动刚度和机床传动链运动时产生的激振力和激振力矩的影响。数控机床的静刚度是指机床受切削力后的刀具与工件之间的相对变形；它会影响刀具和工件之间的相对位置，影响最终加工误差。机床的动刚度是机床主机抵抗刀具和工件之间抵抗动态力引起变形的能力；其数值等于引起单位变形时需要的动态外力幅值。机床主机的动刚度的数值远低于其静刚度；它决定了机床发生切削颤振的阈值，是决定机床加工效率的关键因素。数控机床的传动链在运行时会产生周期变化的力，使机床产生受迫振动；高速旋转的轴和往复运动机构都会产生此类激振力。它们的大小与转速的平方成正比，严重限制设备工作效率的提高；需要对传动链进行动平衡或者减重设计等措施才能保证设备在高速下运行。此类现象常出现在，轴径速度较高的主轴，内部有曲柄滑块机构、肘杆机构或四杆机构等往复运动机构的设备中。机床动静态性能对加工的影响见图1-1。

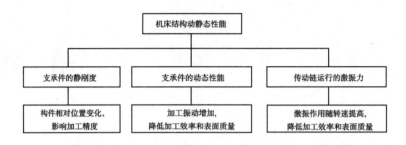

图 1-1　机床动静态性能对加工的影响

机床动静态性能的标志性指标有：静刚度、固有频率、主轴间传递函数、传动机构的震动力（矩）、运动副载荷等。前两个为望大型指标，其余为望小型指标。静刚度越大，固有频率越高，对机床性能越有利。传递函数为一定频率范围内单位幅值激振力引起的主轴和刀具之间的变形情况，其对应幅频特性函数就是结构的动柔度，即动刚度的倒数。振动力（矩）是机床中往复运动机构在工作时对设备机座作用的周期性变化的惯性力的合力（矩）；其为机构作用于机座上运动副载荷的矢量和。运动副载荷降低，可降低磨损，提高精度的保持性，提高设备寿命。

1.2　机床动静态性能的分析方法

机床的动静态指标可通过理论分析方法和实验测试方法来获得。理论分析一般需要采用数值解法来分析；实验测试则是利用传动器、信号采集装置和数据处理软件来对机床的各种动态性能进行分析。它们在改善机床动静态性能的过程中，都具有不可替代的作用。

1.2.1　机床主机动静态性能的数值分析方法

对机床主机动静态性能进行数值分析可由相应成熟商业软件完成，某些 CAD 软件内部集成了部分分析功能。使用有限元软件可计算机床在外力作用下的静变形、传递函数和模态等。本书所提及的众多机床支承件优化案例均采用现有的有限元软件分析完成。对机床内复杂的驱动机构还可使用多体动力学分析软件进行运动学和动力学分析，获得位移、速度和加速度等指标。本书中，笔者使用 CAD 软件自带的多体运动学模块分析了轴承精研机摆动机构的运动学和动力学特性，对寻找抑振方法起到了重大作用。

利用数值分析方法可对仅在构思阶段或者完成设计的方案进行分析，不需实物的存在。利用数值分析方法获取机床的动静态性能，只需其简化后的几何模型和必要的材料力学特性参数即可。数值分析方法的优点是能够在设计阶段、低成本地完成对机床性能的预测；分析某些关键设计参数的灵敏度。根据分析结果，可完成对设计方案的筛选；设计者可根据设计参数的灵敏度改进设计方案的某些设计参数。受机床导轨、螺钉连接面、地脚螺栓等结合面参数的影响，数值分析方法计算出的性能指标与实际测试获得的数值往往存在一定差距。这并不影响数值分析方法在机床动静态设计中发挥积极作用。

数值分析方法获取的性能参数与实测数据对比，可能存在图 1-2 所示的三种关系：变化趋势基本一致，见图 1-2（a）；数值分析数据和实测结果变换趋势相反，见图 1-2（b）；分析结果变化趋势不能很好地反映实际性能变化，见图 1-2（c）。在图 1-2（a）和（b），数值分析结果可被用于确定改进方案的优劣；对图 1-2（b）中情形注意其方向要取反。图 1-2（c）所示的情形，则无法稳定地反映被测对象性能变化趋势，不能用于指导设计。在进行数值分析建模时，要注意数值分析模型建模的简化方式。如图 1-3 所示的对床身分析时所施加的条件，图 1-3（a）模型可反映床身的抗弯曲刚度，图 1-3（b）模型则只反映床身的抗压能力。因此，要根据工况和方案设计初衷合理地进行模型简化，使分析结果能够正确反映设计。

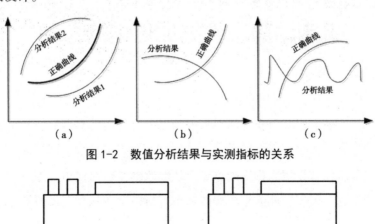

图 1-2 数值分析结果与实测指标的关系

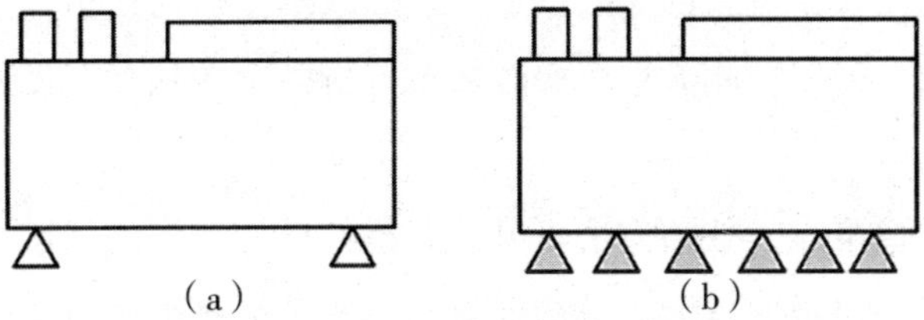

图 1-3 边界条件对有限元分析结果影响

1.2.2　机床主机动静态性能的实验测试方法

机床主机静态特性试验是测定机床静刚度，使用的设备包括测力计、千分表和千斤顶等加力设备。测试时，一般需要施加一定数值的预加力以消除间隙；也需要对施加力的大小进行控制，避免损坏设备。

机床主机动态性能测试包括直接测得设备在实际工况中振动和传递函数等。经过信号处理后，可获得机床振动的峰值、有效值、频谱、相干函数、传递函数，还可获得设备的模态。模态分析确定设备的固有频率、阻尼比和振型等与设备工作性能密切相关的众多参数。实况振动测试时，要求设备尽可能按照实际运转，这样可以获得尽可能真实的数据。传递函数测试时设备不运转，需要由力锤或激振器等对被测设备进行激振。相关数据处理方法在众多文献中均有详细介绍；测试中使用的有关设备和后续处理软件均有成熟产品可以使用。测试中一般用到动态数据采集仪、测力传感器、力锤或激振器、振动传感器等硬件设备和相关处理软件。

对机床主机动态测试可检测出其实际工况情况下的动态性能。通过这些测试获得的数据是校正数值分析模型的可靠依据。通过动态测试可以确定设备工作的振动情况以及引起振动的原因；通过模态测试结果可确定结合面的可靠性。动态测试对象可以是主机的整机，也可对某些特别需要关心部分进行单独测试。

1.3　实验测试方法和数值分析方法在机床动静态性能优化中的作用

通过实验测试方法和数值分析方法获取机床动静态性能各具优势，相辅相成。实验测试方法获得动静态特性指标的准确度较高，能够作为评判机床性能的可靠依据。利用数值分析方法可在设计阶段获得机床性能数据；方便修改模型，对诸多方案进行比较，进行方案的优化设计或筛选。根据实测数据可修改数值分析模型的精度，使得数值分析结果接近真实结果。

实测方法测得数据可靠，数值方法可方便获得各设计参数的灵敏度曲线。实测方法的成本高，实物模型一般很难进行大的结构变更，一般只能测得几个点的数据。设计方案建模后便可进行数值分析，其方案构型变化方便，甚至可不受制造工艺可能性的限制。数值分析方法可获得实测方法很难获得的设计参数的灵敏度曲线，设计参数的给出范围不受制造范围的限制。总之，要多积累实验测试数据，充分利用实验测试数据提高数值分析模型的精度；对可靠的数值分析模型则要充分利用其预测功能，提高新设计方案的优秀程度。

1.4 本书的研究内容

本书总结了笔者从事机床结构动静态特性测试、分析、优化设计工作以来经手的一些机床优化和测试诊断案例。这些机床包括螺旋锥齿轮铣齿机、轴承外圈沟槽超精研机、两型号数控立式磨床和卧式加工中心数控龙门铣床等设备；对每种加工机床主要的主要内容和取得效果进行了相关介绍，见图1-4。

希望本书内容能够为读者综合利用测试方法和虚拟样机技术来分析和提高机床主机设计、改善机床切削性能提供一定的参考。

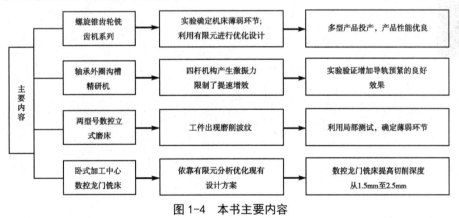

图1-4 本书主要内容

数控螺旋锥齿轮铣齿机动静态特性
实验分析

螺旋锥齿轮铣齿机是一种使用圆盘形铣刀加工螺旋锥齿轮的专用机床，通过展成法或成形法加工螺旋锥齿轮。在工程装备、汽车和电动工具等行业有广泛的应用；要求其具有稳定的加工精度和较高的加工效率。从切削加工过程来看，属于大切除量的加工过程。比如在 $\phi 500$ 规格的螺旋锥齿轮铣齿机加工模数 $m=5 \sim 10$ 的锥齿轮时，每齿的加工在 $15 \sim 30$ 秒。因此，要求铣齿机主机结构具有良好的动静态特性。

对数控螺旋锥齿轮铣齿机开展一系列实验测试，可确定机床的动静态特性。综合多方面数据可以确定设备的极限切削能力和结构的薄弱环节。

2.1　数控螺旋锥齿轮铣齿机简介

数控螺旋锥齿轮铣齿机由床身、立柱、工件箱、滑板和床鞍等工件组成，见图 2-1。图 2-1（a）为小规格螺旋锥齿轮铣齿机，图 2-1（b）属于中等规格铣齿机。该机床属于四轴联动设备；但工件箱根据切削齿轮的根锥角的不同，会在床鞍旋转一个角度。图 2-1给出了本章和第 3 章中分析数控螺旋锥齿轮的整机布局结构。

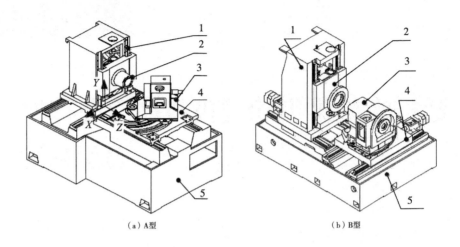

（a）A型　　　　　　　　　　　　　　（b）B型

图 2-1　螺旋锥齿轮铣齿机构型图和分析中的坐标定义

1—立柱　2—刀轴箱　3—工件箱　4—床鞍　5—床身

2.2　螺旋锥齿轮铣齿机的实验项目

对螺旋锥齿轮铣齿机实物样机进行动静态特性的实验测试时，主要进行三种类型的测试并获得五方面的测试数据。这些数据类型虽不相同，但可相互验证，它们之间关系和用途见图 2-2。

三种类型的测试中，一种使用静态测试设备，另外两种使用动态测试设备，见图 2-2。第一类测试，使用测力仪和千分表等静态测试仪器，测量机床随外力作用而产生的变形，采用一定的算法拟合便可求得其静刚度。第二类测试，利用激振设备、动态数据采集设备和振动传感器等测量多点之间的传递函数，数据处理后可获得实物样机的模态和主轴间的传递函数等数据。第三类测试，对样机进行典型样件的切削加工实验，通过动态数据采集设备记录振动传感器在不同切削参数下的振动情况；若螺旋锥齿轮的齿面出现波纹，则要记录其形状和数量。

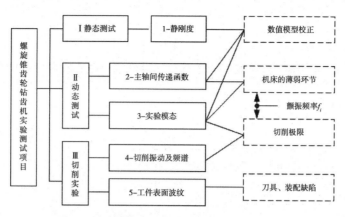

图 2-2　对螺旋锥齿轮铣齿机的实验分析项目

上述实验测试全部完成后可获得如下五方面的数据：①静刚度；②主轴间传递函数；③实验模态；④切削过程中振动幅值和频率成分；⑤工件表面的波纹情况。静刚度、固有频率、振型和主轴间的传递函数均可用于校准数值分析模型，提高数值分析结果的准确度。根据两主轴间的传递函数可确定机床薄弱频率；该频率是模态测试中的某一阶固有频率；切削时若发生切削颤振，振动频谱中应该存在接近该频率的振动成分。根据机床薄弱频率对应的振型，可确定机床结构的薄弱环节，结合机床的结构特点可确定机床优化设计的方向。

确定切削极限实验时，不断缩短每个轮齿的铣削时间，根据振动幅值和频率成分的变化情况确定机床的切除极限。切削时间的缩短，不断增加工件的切削量，机床便可能发生颤振。机床发生颤振后有两个主要现象：①机床振幅明显增加；②除与刀齿断续切削相一致的受迫振动的频率外，还存在与机床关键频率接近的振动响应（颤振的频率一般与机床的固有频率存在一个微小的差值）。为明确区分颤振和刀齿断续切削的受迫振动，应该合理地控制主轴转速使刀齿的冲击频率明显区别于机床的关键固有频率。现代数控机床主轴一般为无极变速，达到此条件并不困难。实验时，已达刀具或者机床主轴电机承载的极限，表明机床结构已能满足目前的使用要求，无须进行进一步实验，避免对设备造成损伤。

加工后合格工件表面的粗糙度应符合一定要求，若出现表面波纹等异常现象要确定其成因。产生表面波纹的可能原因：刀具包络密度不足；数控插补精度低；主轴装配没有达到预紧要求；机床出现异常振动等。分析波纹发生规律有助于确定其成因，确定机床的改进措施。

2.3 数控螺旋锥齿轮铣齿机静刚度实验测试

螺旋锥齿轮铣齿机刚度是考察铣齿机静态性能的一个标志性指标。利用图 2-3 所示进行静刚度测量的原理：测力计测量两个主轴之间的分离力；千分表测量两个主轴之间的相对变形。在两个主轴之间施加力的方法有两种：①由数控系统推动工件箱前进施加压力；②由超薄千斤顶对两个主轴施加分离力。第一种方法，外力产生的变形为数控系统进给量与位移千分表读数之差；第二种方法，千分表读数即两个支承件的相对位移。获得逐点的受力—变形数据测量结果后，采用拟合方法获得机床的相对刚度。

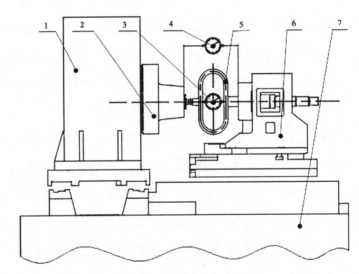

图 2-3　静刚度测试原理图

1—立柱　2—位移千分表　3—测力计百分表　4—位移千分表　5—测力计

6—工件箱　7—床身

$$k_i = \frac{\Delta F_i}{S_{\mathrm{CNC}}^i - S_M^i} \qquad (2-1)$$

$$k_i = \frac{\Delta F_i}{S_M^i} \qquad (2-2)$$

式中：ΔF_i——第 i 次加力的增量大小；

S_{CNC}^i——第 i 次加力时机床数控系统的进给量；

S_M^i ——为第 i 次加力时千分表的测量得到的位移。

表 2-1 为对 B 型螺旋锥齿轮铣齿机采用方法一进行测量的结果。数据处理和拟合的结果见图 2-4；进行处理后，可知系统的进程刚度为 94.1N/ μm；回程刚度为 85.3N/ μm。

表 2-1　B 型螺旋锥齿轮铣齿机的主轴间静刚度测量数据　　　　　单位：μm

序号	数控位移	测力计	位移	数控位移	测力计	位移
1	872	0	0	392	260	443
2	852	12	18	412	249	426
3	832	22	35	432	239	416
4	812	32.5	54	452	228	398
5	792	43	70	472	217	379
6	772	54	90	492	206	360
7	752	65	108	512	195	341
8	732	76	125	532	184	323
9	712	87	144	552	173	304
10	692	98	164	572	162	285
11	672	110	183	592	150	268
12	652	119	202	612	140	249
13	632	135	220	632	129	231
14	612	141	238	652	118	212
15	592	152	256	672	108	194
16	572	163	275	692	97	175
17	552	174	294	712	86	156
18	532	185	313	732	75	138
19	512	196	330	752	64	121
20	492	207	348	772	53	103
21	472	218	366	792	42	85
22	452	228	385	812	31	65
23	432	239	405	832	21	47
24	412	250	423	852	10	30
25	392	260	443	872	0	11

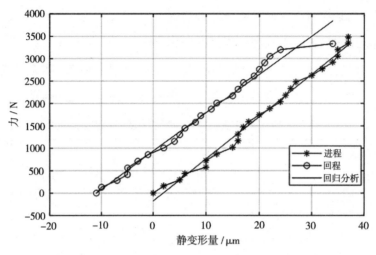

图 2-4　B 型螺旋锥齿轮铣齿机主轴间静刚度分析

2.4　数控螺旋锥齿轮铣齿机动态特性测试

对机床进行模态测试可获得机床固有频率、振型、阻尼比等参数。从测试方法来看，模态测试中工作量最大的部分为测量多个传递函数；而测量机床主轴间相对传递函数也是测试传递函数。而且二者可使用相同的设备完成，因此它们是在同一测量中完成实验的。

建立螺旋锥齿轮铣齿机的模态测试模型是获取机床动态性能实测数据的第一步。合理的动态模型能够体现每个结构件的关键振型特点和主要连接部位的可靠性。

2.4.1　螺旋锥齿轮铣齿机的模态测试建模

建立螺旋锥齿轮铣齿机的模态测试模型时主要考虑如下两个方面：①通过测试点能够区分出前几阶振型；②通过振型能够确定关键连接部分的可靠性。对设备的前几阶振型，可在实验前通过数值分析方法进行大致了解；无数值方法分析结果，要根据形状进行预估。一般来说，产生振型的方向都在结构的弯和扭的方向，而在拉和压的方向极少产生振型。对于连接两个构件的，一般要在两个件的对应位置各建立一个测点，用于判定二点之间的连接可靠性问题。对使用连接的固定连接构件，如要判别是否存在分离情形，也需要在一个很近位置布置两个测点。

对 A 型螺旋锥齿轮铣齿机的薄弱环节，通过有限元软件 ANSYS 进行整机模态分析后建立测试模型。采用锤击法一点激励、多点拾振的方法进行实验测量，根据机床的外形和特点，选择在刀具主轴箱的一点进行脉冲锤击激励，在机床部件的多点上测量振动。采用单点激振、逐点拾振的方式，测点共 156 个，激振点选为 3 号点，方向为负 Y 向。共记录 156×3 个加速度响应信号，用模态分析软件进行分析，测试结果如表 2-2 所示；图 2-5 为二、三阶的振型图。

表 2-2　A 型铣齿机模态实验模态结果

阶次	频率 /Hz	阻尼比 /%	振型特点
1	43.2	8.61	整机绕 Z 轴扭摆
2	83.2	3.42	整机绕 X 轴弯曲，立柱与工件箱相对于 M 切面做相对摆动
3	125	11.5	立柱、工具箱分别绕 Z 轴呈相反方向扭振，床身以 M 平面为节面做相对扭振
4	158	5.34	类似前一阶振型，但立柱、滑板的振动呈现沿导轨滑移的振动

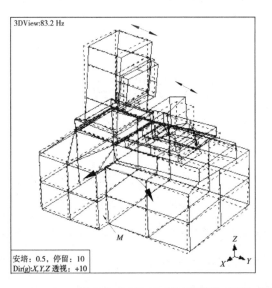 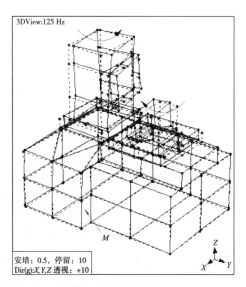

图 2-5　二阶 83.2Hz 和三阶 125Hz 振型图（以 M 平面对成反向弯曲）

2.4.2　数控螺旋锥齿轮铣齿机主轴间传递函数测量

本次实验采用锤击法，机床刀具和工件间相对激振的频响函数等于刀具和工件分别激励时原点频响函数的差。克服了无法采用激振器对刀具和工件间进行相对激励的困难，并测量刀具和工件间的相对激振传递函数。图 2-6 为数控铣齿机刀具和工件 Y 方向上的两原点频响函数转换为刀具—工件相对激励频响函数的曲线，上图为实频图，下图为虚频图。

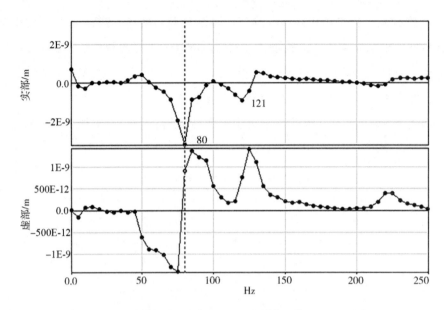

图 2-6　数控铣齿机刀具—工件相对激励频响函数的曲线

2.5　螺旋锥齿轮铣齿机切削实验

确定螺旋锥齿轮铣齿机切削极限的实验方法：准备若干典型螺旋锥齿轮工件，采用滚切法或者切入法不断缩短每齿的切削时间，期间记录下振动信号。图 2-7 给出每齿切削时间从 40 秒以 5 秒的幅度逐渐减至 10 秒的过程中，A 型铣齿机在盘铣刀切入和切出状态的振动有效值的变化情况。图 2-8 给出切削时间为 25 秒时的频谱，其中包含 81Hz 和 121Hz 的振动成分；与机床固有频率 83.2Hz 和 125Hz 十分接近。切削过程中，刀具直径为 6 英寸，刀齿数量 $Z=12$，主轴转速 $n=160$rpm，刀齿的激振频率为 $f=nZ/60=160 \times 12/60=32$Hz。从图 2-8 可以看出，在切削时间为 25 秒时，切削振动的频率为 80Hz 和 121Hz，且与刀齿频率不重合；与前面分析所得薄弱环节的固有频率一致。可以判断 25 秒齿的切削状态，为设备极限切屑状态。

切削过程中振动频谱中的主要频率与主轴间的传递函数一致，证明 83.2Hz 和 125Hz 是 A 型锥齿轮铣齿机的薄弱环节。

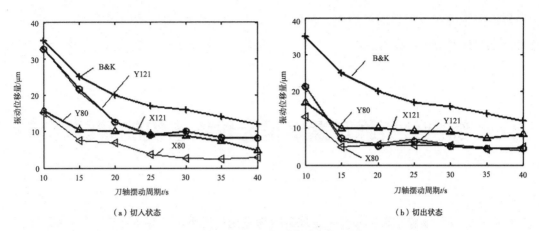

（a）切入状态　　　　　　　　（b）切出状态

图 2-7　切入与切出状态的振动量

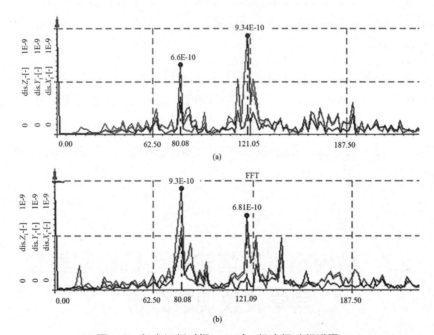

图 2-8　每齿切削时间 25s 时，机床振动频谱图

本次加工过程采用展成法加工工件时，方向不断变化的切削力产生了切削过程中的上述振动状态。图 2-8（a）为切削过程中切削力方向的变化情况，分力从以水平为主逐步过渡到以竖直为主。三个典型位置的受力方向：在起始位置Ⅰ时，切削力与水平方向夹角$\theta_1=6°$；在中间位置Ⅱ时，切削力方向与水平方向夹角为$\theta_2=35°$；在终点位置Ⅲ时，切削力与水平方向为$\theta_3=75°$。机床立柱和工件箱之间变形趋势随切削位置不同而不同：起始位置时，因刀具箱和工件箱之间相对作用力主要为水平方向，为一个绕Z轴相对扭转的趋势；终点位置时，相对作用力以重力方向为主，以二者沿Z轴相对分开趋势为主。上述原因，

使得螺旋锥齿轮铣齿机切削过程中，在切入状态时以 83.2Hz 对应的振型为主，在切出状态时以 125Hz 对应的振型为主。

2.6 综合分析确定螺旋锥齿轮铣齿机的薄弱环节

综合三方面的实验结果，便可确定螺旋锥齿轮铣齿机主机的薄弱环节。传递函数确定机床的两个关键频率 83.2Hz 和 125Hz，在确定切削极限的实验时振动中出现两个频率。分析两个频率的对应振型可知，整机绕 Z 轴抗扭和绕 X 轴弯曲的刚度差是该构型螺旋锥齿轮铣齿机的薄弱环节。

提高 A 型和 B 型螺旋锥齿轮铣齿机整机绕 Z 轴抗扭刚度和绕 X 轴弯曲刚度是提高其切削性能的有效手段。造成这两个薄弱环节的原因：第一，立柱为门式结构，其沿 X 轴抗弯和绕 Y 轴的抗扭刚度差；第二，床身筋板不合理，其绕 X 轴抗弯刚度和绕 Z 轴抗扭刚度差。此结论是对 A 型螺旋锥齿轮铣齿机结构优化和新开发 B 型螺旋锥齿轮铣齿机的指导性原则。

2.7 数控螺旋锥齿轮铣齿机切削表面异常波纹现象分析

机床完成切削后，会由于多方面的原因在工件表面留下一定的波纹，它们会影响工件的使用性能。螺旋锥齿轮铣齿切齿状态受力方分析见图 2-9，根据笔者经验，在螺旋锥齿轮铣齿机加工齿轮完毕后，齿面存在波纹的原因可归为如下三类：第一类，设备切削参数不合理，造成包络纹路不够密集；第二类，主轴装配质量差，存在较大的跳动和偏心，见图 2-10（a）；第三类，切削过程中，刀具因刚度不足产生切削颤振，见图 2-10（b）。不同原因产生的波纹形式是不同的，可根据波纹形式判断波纹产生的原因，进而采取有针对性的措施。

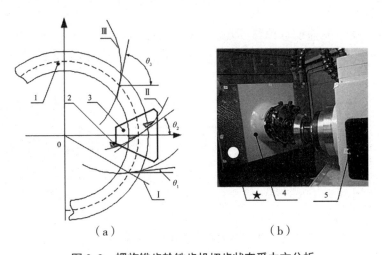

（a）　　　　　　　　　　　（b）

图 2-9　螺旋锥齿轮铣齿机切齿状态受力方分析

1—虚拟产形轮　2—刀盘　3—被切齿轮　4—刀具箱　5—工件箱

★—模态实验激励点

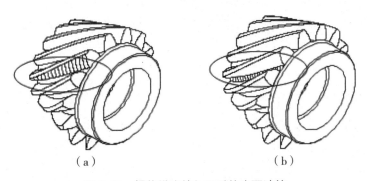

（a）　　　　　　　　　　　（b）

图 2-10　螺旋锥齿轮加工后的齿面波纹

第一类齿面纹路的形状和方向与正常包络方向是一致的。与此相关的机床切削参数主要有数控系统插补精度低或主轴转速低等。数控系统插补精度低导致刀具和工件之间运动的平滑性不佳，使得齿面纹路出现明显的折线；主轴转速低也可能导致包络纹路数量过少，进而出现拼接线。通过修改数控系统的参数或者增加主轴转速等，便能消除此类纹路。总之，消除此类波纹较为容易，过程所花费的时间也较少，只需机床数控系统参数和切削参数按照要求进行设定。

第二类波纹是因装主轴装配质量欠佳产生的，其外形基本与根锥垂直，数量与扫略过齿面的刀具转数一致。其形成原因：刀盘轴安装在主轴的中心位置 II 与主轴实际的回转位置 I 不一致，刀具和主轴的中心与回转中心存在一个误差 e；刀具转动一下整体晃动一次，在齿面留下一道波纹，见图 2-11。此类波纹的数量与每齿展成加工过程中刀具转动的圈数基本一致。此类装配问题，无法通过测量主轴的静态几何精度来发现；主轴承载后轴线必然发生偏斜，只有主轴轴承预紧不足、刚度过低，主轴轴线偏移才会导致此类波纹出现。若想消除此类波纹，则要求严控装配主轴的质量，保证主轴轴承的预紧度。

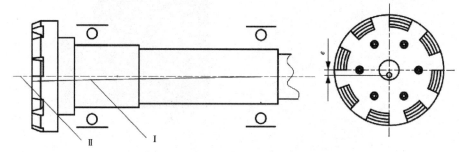

图 2-11　主轴装配质量差导致齿面波纹的原因

第三类波纹是因刀具刚度不足发生切削振动形成的。采用简易、高速干切削刀具进行螺旋锥齿轮切削加工实验出现根部波纹。该波纹的特点是：纹路密集，随着转速的提高波纹数量增加，分布在齿轮的根部。实验时参数：工件模数 $m=10$，齿面宽度 $B=75mm$；刀盘直径 $d=304.8mm$，刀齿数量 $Z=20$；波纹情况见表 2-3。数据代入式（2-3）计算。

$$f_{cutter} = \frac{\pi d n S}{60B}\tag{2-3}$$

式中：d——刀盘直径，mm；

　　　n——主轴转速，rpm；

　　　S——根部波纹条数；

　　　B——根部长度，约等于齿面宽度 B，mm。

波纹发生振动的频率 6320～7469Hz，远高于机床自身频率（一般机床频率在 400Hz以下）。虽然表 2-3 刀具形成波纹反算出的固有频率存在一个较大差异，此频率之高已非机床的刀齿断续切削的激振或者机床本身发生切削颤振所致。波纹发生频率的数据已经将其成因确定为刀盘中刀；其几何尺寸最小，限制装夹结构的刚性，切除量确实达到总切除量的 70%，最终造成切削时发生振动。消除此类波纹的措施：改善简易刀具的设计或采用正式的高速干切削刀盘。

表 2-3　简易刀具高速干切加工后螺旋锥齿轮齿槽根部条纹情况

主轴转速 n/rpm	180	210	230	260
条纹数量 z	165	158	150	135
条纹密度/（条/cm）	22	21	20	18
刀齿激振频率/Hz	60	70	77	87
振动频率 f_{cutter}/Hz	6320	7061	7341	7469

引起波纹的原因涉及数控系统参数、切削工艺参数、装配质量和刀具等诸多方面。出现波纹后，首先查看数控系统和切削工艺参数的设置是否存在明显不符合规范的数据，若可轻易消除，则为第一类波纹；如不能消除，则要考虑刀具或者装配的原因；根据它们的形状和数量，判断造成波纹的具体缺陷所在。

2.8　本章结论

对螺旋锥齿轮铣齿机进行静刚度测试、动态性能测试和切削过程实验分析是识别机床薄弱环节的有效方法。动态测试获取加工设备的关键固有频率；确定切削极限时机床的振动频谱应该含有此频率成分；结合实验模态分析中振型的结果便可确定机床的薄弱环节。根据对实验结果的分析可知，螺旋锥齿轮铣齿机的两个薄弱环节是由床身和立柱的抗扭和抗弯刚度差引起的。此薄弱环节是后续对 A 型螺旋锥齿轮铣齿机结构优化设计的主要方向，也是开发 B 型螺旋锥齿轮铣齿机主机设计的重点攻克对象。

切削加工后工件齿面若存在表面波纹，可根据波纹形状和数量特点结合切削参数确定其产生原因。为获得良好的表面切削质量，装配时除要保证主轴的几何精度外，还要保证主轴轴承的预紧程度。

螺旋锥齿轮铣齿机主机结构优化

通过实验测试明确螺旋锥齿轮铣齿机薄弱环节之后，下一步的工作就是通过数值仿真方法寻找各支承件的优化方案。通过对组成螺旋锥齿轮铣齿机的立柱、工件箱、主轴箱、滑板和床身等众多构件进行优化，保证整个设备具有足够优良的动静态特性。

优化的最终目的是使各支承件具有足够优良的动静态特性，即在保证机床整体质量达到要求的情况下，修改各结构件内部的布局从而使其动静态性能达到最佳。优化设计过程中，以构件质量、静刚度和固有频率作为评价指标；在提高构件动静态性能的同时，兼顾各个构件和整机的质量变化情况。每个构件在整机中的承载作用是不同的，对其优化原则和方向也是各有特点。

不同规格螺旋锥齿轮铣齿机各直线轴的形成是不同的，故其支承件的尺寸不尽相同，但结构设计存在相似性。设计规律可在类似构型结构机床设计时发挥指导作用。对小规格 A 型螺旋锥齿轮铣齿机的实验分析结论和结构优化分析结果，可为中规格 B 型螺旋锥齿轮铣齿机的新产品开发提供借鉴，节约优化设计时间，把优化设计的工作向细节推进。

3.1 螺旋锥齿轮铣齿机结构总体概述

根据图 2-1 的 A 型小规格和 B 型中规格螺旋锥齿轮铣齿机的结构，确定各个构件运动和承载情况在整机中的作用。床身整体构型为 T 形，支撑其他移动部件的基础，其质量不会增加三个直线运动轴电机的性能。工件箱和刀轴箱分别承载工件主轴和刀具主轴，其内部结构较复杂。立柱用来承载刀轴箱，为门式结构。滑板从功能来看，和立柱为同一个部件，其存在使得各种数控轴之间的相对位置更易保证。

根据各构件对整机所起的作用，以整机的轮廓尺寸和质量为约束目标，确定整机优化时结构的可行方向。床身作为基础，要增加其沿抗弯和抗扭的能力，特别是要控制出砂口产生的不利影响。立柱的薄弱环节则是因为"门框"式结构，中间无筋板而导致的抗弯刚度很低。

3.2 螺旋锥齿轮铣齿机动静态性能数值分析模型的建立

螺旋锥齿轮铣齿机动静态数值分析模型一般采用有限元方法建立。根据主要支承件的形状特点，分为薄板类结构件和实体类结构件两大类；有限元建模时，前者采用 Shell 单元，后者采用实体单元。薄板类结构件主要有床身、立柱的大型零件；其表面方向的尺寸比厚度方向要大很多。实体类结构件有工件箱、床鞍和刀轴箱等；其内部结构复杂，且三个方向的尺寸相差不大。用 Shell 单元建模可减少单元节点数量，计算速度快，累计误差小，设置板厚参数方便。实体类结构件建模除必要的简化工作外，划分单元时尽量使用六面体单元。单元数量与其尺寸相关，在不影响计算结果精度情况下适当增大单元尺寸，以便节约计算时间。

进行整机有限元建模时，如何连接两个有结合面关系的零件是需要仔细考虑的一个问题。整机有限元模型中每个结构件都是独立建模，控制结合面区域内单元节点的位置，使其尽量一致，便于使用节点耦合或弹簧单元对两结构件进行连接。此种建模方式，方便对结合面的模拟方式进行更换。

根据螺旋锥齿轮铣齿机组成构件之间的连接关系，可分为固定结合面和运动结合面两类。固定结合面在实验模态测试时表现为整体振型时，有限元模型可用结合区域节点自由度完全耦合模拟。运动结合面主要是采用导轨连接的部位，可在弹簧单元模拟；可将导轨厂家提供的刚度值作为单元常数输入对应的弹簧单元中。若弹簧单元的刚度达到一定程度，便与节点耦合结果一致。根据笔者多年来对多型数控设备结构件的优化结果，采用节点自由度耦合的连接方式即可获得具有足够工程价值的优化结果。

有限元分析具体操作层面，建议使用软件自身的二次开发语言进行操作，以提高分析速度，大幅减少分析操作的重复工作量。此种方式优点：避免模型修改后大量的重复操作，提高建模速度；利用二次开发语言的循环功能，实现对模型有规律的重复操作；方便精确查看分析结果，并进行批量输出。此种操作方式在不同软件有不同实现方式，名称也不尽相同；都可以对提高分析速度和效率起到十分重要的作用。

3.3　螺旋锥齿轮铣齿机主机优化设计的前期工作

对螺旋锥齿轮铣齿机的主机进行优化设计前，要确定优化设计目标，了解现有结构的薄弱环节。在优化过程中需改变现有支承件的结构时，要考虑各种约束条件；特别是各种空间约束，避免在结构中出现无法制造或装配的情况。

对铣齿机的优化设计工作的顺序如下：在各种约束条件下，完成对主要构件的结构优化设计；将性能优化后的构件组合在一起，分析组合后的整机性能；根据分析结构对各结构件的结构进行微调。

3.3.1　螺旋锥齿轮铣齿机支承件结构优化流程

对螺旋锥齿轮铣齿机的优化过程根据是否有实物样机分为两类：第一，在对实物样机实验分析的基础上，进行设计改进；第二，对新开发产品结构进行优化设计。第一种类型的优化设计适合于对现有产品的改造，可明确机床的薄弱环节，优化设计的依据可靠；还可进行一定的结合面参数的分析，使得分析结果更加接近实际指标。第二种类型的优化设计适用于新产品开发，其优点是时间短，成本低；若能够有以往设计经验作为支撑，可获得更加有效的优化设计方案。第二类优化设计可最大程度地减少样机的设计缺陷，提高新产品开发的成功率。

两种情况下的优化设计均是以数值分析方法为基础的，最终目标为获得具有优良动静态特性结构设计方案。优化设计过程包括如下两个方面：设计方案内部的筋板布置、筋板出砂孔、导轨安装面以及筋板板厚分布情况；设计方案中在保证结构不干涉的情况，可加入若干加强筋板等结构，提高结构的动静态性能。设计方案中各种组合参数进行排列组合所获的设计方案是非常庞大的，因有限元数值分析方法获取方案性能指标所需的计算时间过长，直接采用现有数值优化方法基本不可行。根据对设计参数灵敏度分析结论，综合铸造的工艺限制，可直接将工艺上可行的方案数量限制在一个可进行对比选取的范围内。

3.3.2 数值分析方法确定螺旋锥齿轮的铣齿机薄弱环节

建立 A 型铣齿机的有限元模型，确认对比实验测试中确定的薄弱环节和数值分析中确定的薄弱环节的一致性。对导轨连接处采用节点耦合方式模拟，此种方式建模最为简便。实验进行了主轴件相对激振时的谐响应分析和约束状态时的模态。谐响应分析时，在工件主轴和刀具主轴之间施加 X、Y 和 Z 三个方向的 0 ~ 350Hz 的相对正弦力，计算二主轴间相对传递函数；图 3-1 为其相对位移的幅频特性曲线，即主轴的动柔度。模态分析的振型见图 3-2~ 图 3-7，频率见表 3-1。

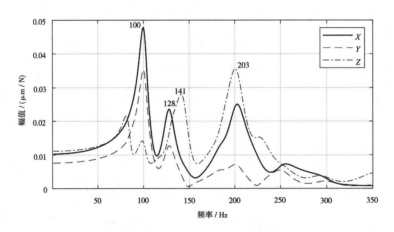

图 3-1　谐响应分析获得的主轴间动柔度

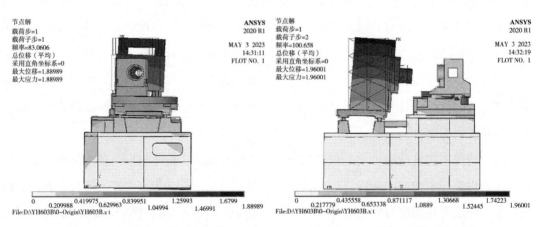

图 3-2　A 型铣齿机第一阶振型　　　　图 3-3　A 型铣齿机第二阶振型

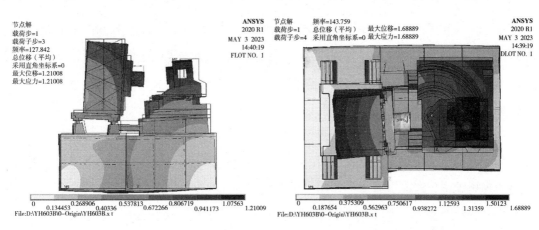

图 3-4 A 型铣齿机第三阶振型　　　　　图 3-5 A 型铣齿机第四阶振型

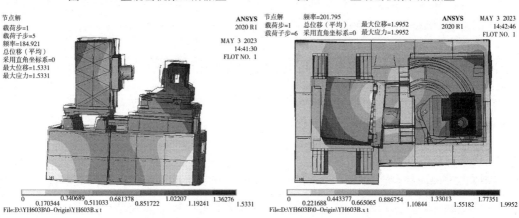

图 3-6 A 型铣齿机第五阶振型　　　　　图 3-7 A 型铣齿机第六阶振型

表 3-1 A 型螺旋锥齿轮铣齿机模态分析结果

阶次	频率 /Hz	振型描述	备注
第一阶	83.1	立柱的摆动	—
第二阶	100.7	立柱向工件箱方向的摆动	为薄弱环节
第三阶	127.8	立柱和工件箱的相对运动	为薄弱环节
第四阶	143.8	立柱和工件箱的相对扭动	为薄弱环节
第五阶	184.9	立柱远离工件箱方向的摆动	—
第六阶	201.8	立柱扭, 工件箱摆动; 二者上下起浮	为薄弱环节

　　根据谐响应分析和模态分析结果来确定机床的薄弱环节, 有助于确定数值分析方法的有效性。根据主轴传递函数的幅频特性, 从 Z 向的主轴传递函数可知, 可能的机床薄弱模态频率为 99Hz、127Hz 和 200Hz; 从 X 向主轴传递函数可知, 可能的机床薄弱频率为 141Hz 和 199Hz。根据表 3-1 的结果, 产生图 3-2 所示第一阶振型是立柱 X 向抗弯刚度差

所致；图 3-4 和图 3-6 中的振型则是机床床身抗弯刚度低所致；图 3-5 和图 3-7 中的振型则是因立柱抗扭刚度和床身导轨处刚度低所致。综合二者结果确定螺旋锥齿轮铣齿机的薄弱环节：床身的抗弯刚度低；立柱沿 X 轴方向的抗弯刚度低；立柱和工件箱与床身连接处的刚度较低。

利用数值分析方法求得机床的模态结果和刀具工件间传递函数结果与实测结果存在一定差异，但确定的薄弱环节却是相同的。有限分析模型建模时至少存在如下误差：①地脚螺钉被理想固定，对床身有加强作用；②导轨被节点耦合，刚度被加强；③各个结构件材料的力学特性存在一定差异。本次分析过程中的有限元模型输入的边界条件较粗糙，采用了直接固定法。此种处理方法使用简便，便于设计人员掌握使用。数值分析的结论可以用于指导对螺旋锥齿轮铣齿机的结构设计方案的优化。

3.3.3　螺旋锥齿轮铣齿机支承件筋板布局原则

对螺旋锥齿轮铣齿机样机存在的情况，需要保持主机原始布局，主要讨论对结构件进行优化设计。根据结构的情况，把机床的结构分为内部安装较多传动部件的箱体类零件和内部基本无传动零件的框架类零件。

箱体类零件内部存在较多的传动部件，且往往安装主轴等部件。框架类部件一般为床身、立柱等部件，其主要是承载其他部件，内部基本为筋板。此类结构件优化过程的核心是确定合理的筋板布局，确定出砂孔的形状和尺寸。根据铸造工艺状况，铸件内部筋格形状分为立方形形状和内部有交叉筋格这两大类。

为在铸造工艺约束的情况下寻找最优结构，采用"增量法"进行分析。在一个典型的支撑框架内，逐渐加若干筋板以增加结构刚性；利用有限元分析方法对比其静刚度和固有频率的变化情况从而确定筋板所起的作用。通过对比分析，可以确定筋板布置原则；在此原则基础上配合灵敏度分析结果，以及不同方案对比结果便可快速确定优化设计方案。

本次分析的模型（图 3-8）：一个截面为 $H \times W \times L$ 的梁，壁厚为 T，长度方向为 n 个筋格；对其进行加强，质量不超过原质量。改进措施如下：第一，增加厚度；第二，加入一个十字增强筋板；第三，加入一个对角形筋板，形成米字筋格结构；第四，方案为截面尺寸增加 50%；第五，方案变为双层壁结构。分别计算结构的弯曲变形和扭转变形以及前六阶固有频率，分析结果见表 3-2。

通过分析结果，可获得如下结论：

增加厚度，可成比例提高其静刚度；体现在图 3-8（a）中，设计中可适当增加筋板厚度来减少其静变形。增大截面尺寸对增加静刚度的效果最佳；其原因可用材料力学中梁的相关知识进行解释，但因内部有复杂的筋板结构，需要使用数值分析方法才能获得较精确的值。

通过抗扭转能力对比可看出，如果筋板布置在与受力方向垂直的位置，其不起加强作用。

增加截面尺寸对提高固有频率的效果最明显。

在截面内部加入交叉筋板或十字筋，不能提高固有频率；这与质量分布在中心有关。

如果截面尺寸过大，可能会出现局部振型；这是导致高阶固有频率下降的原因。进行支承件设计时可通过增加筋板密度或筋板予以克服。

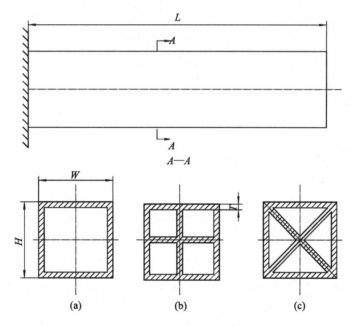

图 3-8　简化的受力分析模型

表 3-2　简易模型修改过程

构型	(a)	(a)增厚	(b)	(c)	(a)加宽	(a)加宽减薄
H	400	400	400	400	600	600
W	400	400	400	400	600	600
外皮 T_1	20	40	20	20	20	10
内筋 T_2	20	20	20	20	20	10
竖筋 T_3	20	20	20	20	20	10
UX	10.83	5.401	9.204	7.768	3.767	3.781
UY	10.83	5.401	9.204	7.768	3.767	3.781

构型	（a）	（a）增厚	（b）	（c）	（a）加宽	（a）加宽减薄
扭转	0.451	0.223	0.449	0.448	0.201	0.202
固有频率	f_1= 75.8 f_2= 75.8 f_3=264.8 f_4= 323.3 f_5=323.3 f_6=447.5	f_1=80.7 f_2=80.7 f_3=274.3 f_4=352.4 f_5=352.4 f_6=484.2	f_1=70.3 f_2=70.3 f_3=251.9 f_4=331.2 f_5=331.2 f_6=482.5	f_1=72.2 f_2=72.2 f_3=230.7 f_4=323.7 f_5=323.7 f_6=486.7	f_1=97.8 f_2=97.8 f_3=255.9 f_4=279.7 f_5=301.3 f_6=310.7	f_1=105.5 f_2=105.5 f_3=185.9 f_4=191.3 f_5=191.9 f_6=192.4
质量	580	1044	812	908	957	826.5
竖筋	116	116	116	116	261	130.5
外壳	464	928	696	792	696	696

根据上述分析结果，设计框架类结构件的原则如下：第一，在满足功能要求的情况下，尽量增大结构的界面尺寸；第二，筋板需要布置在导轨或接口的下方，筋板厚度需要着重加强；第三，不同方向的筋板为垂直关系；第四，对安装导轨或者其他部件的部位要进行局部加强。因此，对绝大部分框架类零件应该采用矩形结构，避免在筋格内部出现米形结构。

导轨等接口部分需要加强，整体上可以分为两类：导轨安装面和固定安装面。简单的就是直接加厚，铸造工艺上采用冷铁；如果导轨长度较大，可考虑采取在导轨下部局部横筋的措施。

地脚螺钉可将床身与地基连接，减小床身的变形，提高整机的抗振程度；地脚螺钉数量过多，则会增加安装时的调整难度。通过对不同地脚螺钉布置方案的分析对比可确定数量较少、性能较佳的布置方案。

整机详细布局是在客户的功能和规格需求确定后，一般在概念设计阶段确定，优化设计中改动的自由度有限。

3.4　螺旋锥齿轮铣齿机立柱零件的结构优化设计

螺旋锥齿轮铣齿机立柱为一个移动部件，其下部安装于床身之上，立柱前部安装刀轴箱，对立柱仿真分析的指标见表3-3中三个方向的定义。为减少立柱导轨面的静变形对加工精度的影响，需要降低立柱导轨安装面沿 X 轴和 Y 轴方向的弯曲变形。立柱绕 Y 轴的扭转变形会导致前端刀轴箱的轴线偏移，故要提高立柱的抗扭刚度。切削力对立柱的扭矩最终分解为对立柱导轨安装面沿 Z 轴的压力。因此，综合上述因素，将对立柱动静态性能的考核指标综合为：固有频率 f；立柱导轨安装面沿 X 轴和 Y 轴方向变形；立柱绕 Y 轴的抗扭刚度。对立柱优化时，不应只考虑成本，现有新方案的质量不超过原方案，而应该允许新方案的质量适当超过原设计，以便可以更快地寻找到最优方案。此方法对其他结构件亦适用。

表 3-3　对立柱仿真分析的指标

项目	指标	性质	备注
固有频率	f_i	望大	f_1 越大越好，后续几阶均匀
沿 X 向的变形	δx	望小	同时施加三方向 1000N 的切削力
沿 Y 向的变形	δx	望小	同时施加三方向 1000N 的切削力
沿 Z 向的变形	δx	望小	同时施加三方向 1000N 的切削力
立柱质量	m	$(0.9 \sim 1.20)\, m_0$	保正立柱质量变化不要太大

3.4.1　A 型螺旋锥齿轮铣齿机立柱铣齿机的优化

立柱的初始结构如图 3-9 所示，侧壁采用交叉的筋板，主筋板的厚度为 20mm。有限元模型静力分析时，底面施加一周固定约束，在导轨面施加沿 X、Y 和 Z 轴三个方向的均布力；分析结果见图 3-10~ 图 3-13 和表 3-4。

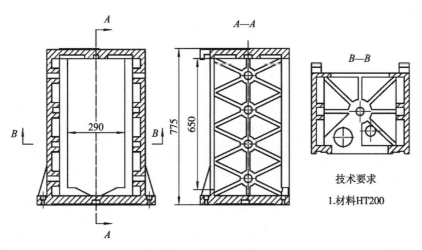

图 3-9　立柱结构简图

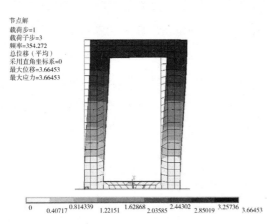

节点解
载荷步=1
载荷子步=3
频率=354.272
总位移（平均）
采用直角坐标系=0
最大位移=3.66453
最大应力=3.66453

图 3-10　立柱约束态一阶振型（摆动）

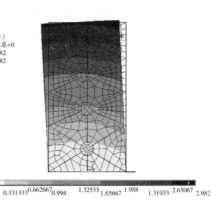

节点解
载荷步=1
载荷子步=2
频率=295.96
总位移（平均）
采用直角坐标系=0
最大位移=2.982
最大应力=2.982

图 3-11　立柱约束态二阶振型（前后摆动）

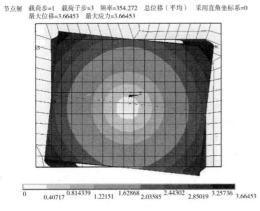

节点解　载荷步=1　载荷子步=3　频率=354.272　总位移（平均）　采用直角坐标系=0
最大位移=3.66453　最大应力=3.66453

图 3-12　立柱约束态三阶振型（扭转）

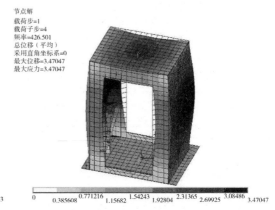

节点解
载荷步=1
载荷子步=4
频率=426.501
总位移（平均）
采用直角坐标系=0
最大位移=3.47047
最大应力=3.47047

图 3-13　立柱约束态四阶振型（两侧壁分离）

表 3-4　A 型螺旋锥齿铣齿机立柱优化方案对比

方案	质量/kg	固有频率（前三阶）						导轨最高处刚度	
		自由态			约束态			侧推 X/(N/μm)	正推 Z/(N/μm)
		f_1	f_2	f_3	f_1	f_2	f_3		
样机方案	429.1	242.8	290.2	349.6	120.8	296.3	354.9	163.9	833.3
优化方案 a	423.4	265.4	296.6	385.1	130.7	283.2	361.8	192.4	769.2
优化方案 b	431.3	271.0	301.1	386.9	149.4	305.4	366.7	243.9	769.2
优化方案 c	469.2	282.3	312.0	404.4	154.7	292.3	362.7	285.7	769.2
优化方案 d	504.6	324.1	388.8	441.8	170.0	321.5	382.2	344.8	1000

考虑立柱会安装在下部滑板上，相当于底部固定，故改进时以约束态模态为主要依据。根据对约束状态模态分析结果可看出，立柱因为是门形结构，其在高度方向沿 X 轴方向的抗弯刚度较弱，二阶振型和三阶振型的频率较高，说明刚性较大；它们的振型则表明立柱抗沿着前后弯曲和绕 Y 轴扭转两个方向的刚度较强。造成上现象的原因：侧壁沿 Z 轴方向刚度较大，有较强的抗弯曲能力；两侧壁也会形成较高的抗扭转刚度；侧壁上的交叉筋板沿 X 轴方向抗弯刚度较弱，造成其第一阶固有频率较低。

根据对结构模态分析的结果，确定了结构设计薄弱环节，也就给出了优化设计的方向。样机原设计中侧壁为交叉结构，这样侧壁的筋板抵抗变形的能力非常弱；优化设计时将侧壁的交叉筋改为如图 3-14 所示四种结构。四种结构中，侧壁由内竖直和水平两个方向筋板支撑，有效提高立柱沿 X 轴方向的刚度。提高侧壁筋板的宽度，比提高其壁厚更有效。为提高侧壁筋板的宽度，将筋板向外侧伸长，见图 3-14（b）~（d）；三个方案还可提高立柱下部螺钉安装部位的局部刚度。

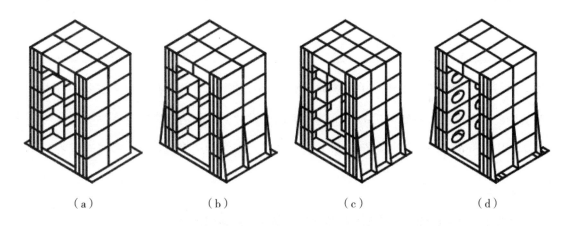

|（a） | （b） | （c） | （d） |

图 3-14 A 型铣齿机立柱优化设计方案

对四种优化方案以自由态前三阶固有频率、约束态前三阶固有频率和立柱导轨上部变形时的静刚度作为评价新方案的指标，见表 3-4，分析结果可得到如下结论：①方案 a 和方案 b 与初始方案相比，在质量近乎相同的情况下，约束态固有频率分别提高 8.2% 和 23.7%；静刚度分别提高 17% 和 48.8%；②方案 c 比初始方案质量提高 9.4%，约束态固有频率提高 28%，静刚度提高 74.3%；③方案 d 比初始方案质量提高 17.6%，约束态固有频率提高 28%，静刚度提高 74.3%。通过对比可看出，采用水平和竖直筋板构件矩形筋格、增加侧墙的宽度能够获得较好的动静态性能；采用双层壁，可使动静态性能获得提升，且不会产生空间干涉的问题。

3.4.2　B型螺旋锥齿轮铣齿机立柱结构的优化设计

开发 B 型螺旋锥齿轮铣齿机完全贯彻了对 A 型立柱优化设计原则。B 型螺旋锥齿轮铣齿机在构型上与 A 型基本相似，只是规格变大；这意味着，各主要构件在整机中的相对尺寸和大小不变。B 型铣齿机的立柱两侧墙采用了双层结构，且立柱固定螺钉采用内藏式结构最大程度地提高了侧墙的宽度。在 A 型铣齿机立柱的优化方案中，看出增加局部的支撑筋筋板会改善立柱的性能。外部已不可能增加局部的辅助筋板，但可在内侧增加一个圆弧型支撑筋板。利用有限元分析得出了圆弧尺寸与立柱动静态性能的关系。

3.5　螺旋锥齿轮铣齿机床身零件的优化设计

床身是机床整机的基础，它承载了其他部件，其良好动静态特性是整机优良性能的基础。螺旋锥齿轮铣齿机的床身上部承载了立柱、刀轴箱、工件箱和滑板等主要构件。针对 A 型小规格螺旋锥齿轮铣齿机的床身进行了优化设计，优化后的床身存在性能优良与工艺基本要求之间的矛盾，利用数值分析方法实现了对工艺性约束的兼顾，获得工程可应用的方案。

3.5.1　A型螺旋锥齿轮铣齿机的床身优化

A 型螺旋锥齿轮铣齿机的床身承载立柱部件和工件主轴部件，对其抗扭和抗弯刚度方向的动静态性能有严格要求，其结构简图见图 3-15，其约束态模态分析的结果见表 3-5。从振型的情况可以得到如下结论：①床身外壁开孔较大，造成了床身抗弯刚度大的第一阶振型，见图 3-16；②床身排屑槽对床身的刚度消弱较大，造成了图 3-17 所示的第二阶振型；③床身内部布筋稀疏和筋板存在交错情形，造成其抗弯刚度差，产生了第三至第四阶振型，见图 3-18 和图 3-19；④导轨安装接口处的壁厚过小，下部无支撑筋板，受力时会造成塌陷，静力分析结果较为明显。

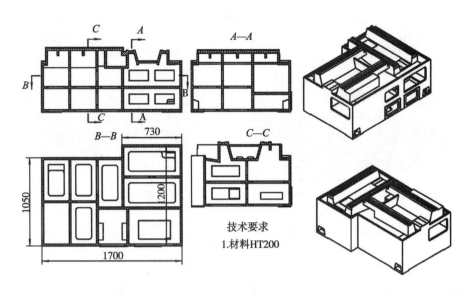

图 3-15　床身结构简图

表 3-5　床身约束状态模态分析结果

阶次	固有频率 /Hz	振型描述	备注
第一阶	174.2	以床身排屑槽为中心的上下凹凸	图 3-16
第二阶	199.4	床身绕中部拐角处弯曲	图 3-17
第三阶	241.9	以床身中部拐角处为中心向上凸起	图 3-18
第四阶	299.1	床身中部的扭动	图 3-19
第五阶	367.7	床身底部的局部振型	—
第六阶	391.8	床身相对于底部的扭转和底部的局部振型	—

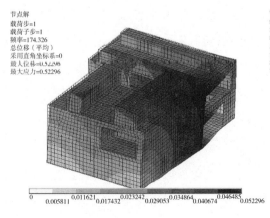

图 3-16　原设计床身约束态第一阶振型

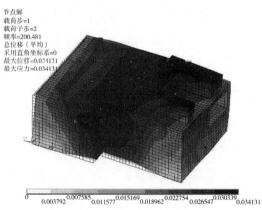

图 3-17　原设计床身约束态第二阶振型

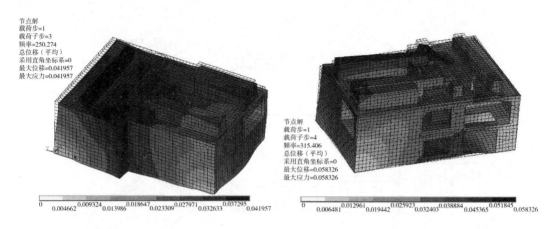

图 3-18 原设计床身约束态第三阶振型　　　图 3-19 原设计床身约束态第四阶振型

　　根据床身结构承载弯曲和扭转的受力特点，理想的床身内部筋板如图 3-20 所示。铣齿机两主轴之间相对作用力，使床身受到扭转和弯曲作用；这两个载荷分解后的作用力最终会被图 3-20 中 Ⅰ 和 Ⅱ 处的筋板所抵抗，且方向与筋板高度方向一致。方案给出的布筋原则符合本章给出的筋板布置原则。不断开两处的筋板不会削弱整体性能。

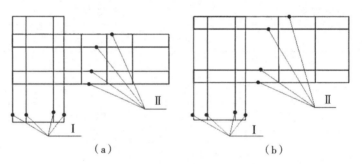

（a）　　　　　　　　　　　（b）

图 3-20 床身优化时的布筋原则

　　将图 3-20 给出的优化布局方案变为具体工程方案，有两种结构。方案（a）中床身筋板的大小为部件在切削加工中的运动极限，对辅助行程部分则采用悬空设计。方案（b）则与图 3-15 的设计方案类似，床身尺寸按照部件运动的极限位置设计。考虑到对设备操作方便的需求，采用了方案（a）的结构，见图 3-21 给出的床身优化方案；图中还给出了对性能影响设计变量：出砂孔尺寸与筋格边长的比值 k，内部筋板厚度 T_i，外壁筋板厚度 T_o，床身高度 H。

　　已经根据优化设计布置床身内部的筋板布置后，就分析如图 3-21 所示的设计变量的灵敏度，进而有利于根据对床身的性能要求选择合理的设计参数。根据材料力学知识可知，床身高度 H 越大床身的抗弯刚度越大。筋板出砂孔的尺寸与筋格边长之比 k 与约束态、自由态固有频率和静刚度的之间的灵敏度关系见图 3-22~ 图 3-24；三图中纵坐标为图 3-21 优化方案前三阶固有频率与图 3-15 所示的样机方案的比值。综合分析前三阶固有频率，出砂孔尺寸比例 $k>50\%$ 时，固有频率急剧下降，床身外壁上开出砂孔将会降低床身在约束态和自由态的固有频率。出砂孔尺寸比例 k 对静刚度的影响较大，随着出砂孔的增加，床身静刚度的变形成比例地增加，见图 3-25，床身外壁上开孔，会极大地降低床身的静刚度。床身壁厚的增加对床身的固有频率影响有限，见图 3-26 和图 3-27。在图 3-28 中，第二阶自由态的固有频率随着板厚增至 4mm 后，增长开始变得缓慢。

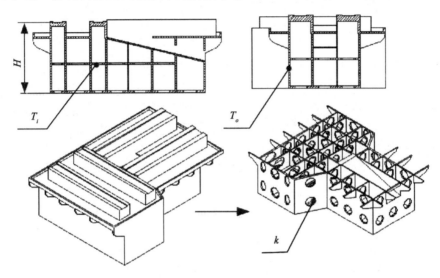

图 3-21　床身设计方案机主要设计变量

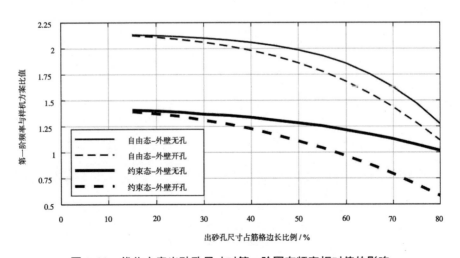

图 3-22　优化方案出砂孔尺寸对第一阶固有频率相对值的影响

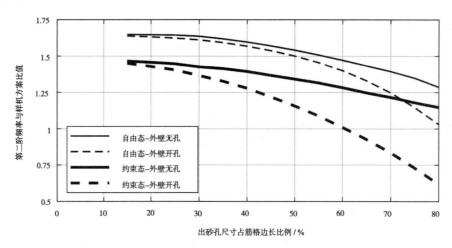

图 3-23　优化方案出砂孔尺寸对第二阶固有频率相对值的影响

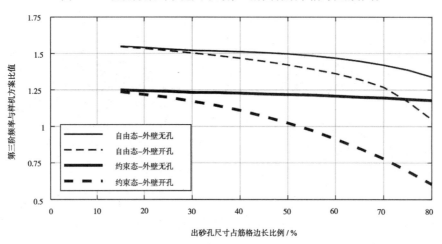

图 3-24　优化方案出砂孔尺寸对第三阶固有频率相对值的影响

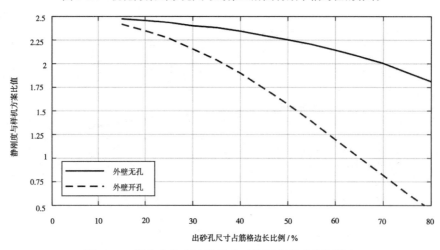

图 3-25　优化方案出砂孔尺寸对静刚度相对值的影响

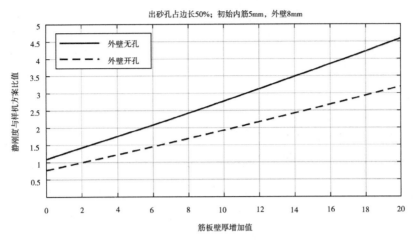

图 3-26 优化方案筋板厚度对静刚度相对值的影响

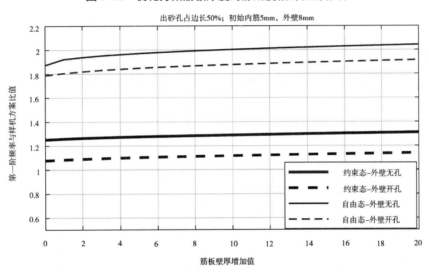

图 3-27 优化方案第一阶固有频率相对值随筋板厚度变化情况

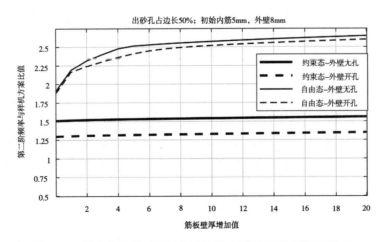

图 3-28 优化方案第二阶固有频率相对值随筋板厚度变化情况

图 3-15 中的 A 型螺旋锥齿轮铣齿机床身的优化设计方案，获得良好动静态性能的原因如下：①内部筋板为垂直交叉结构，全部为通筋；②合理地控制了出砂孔的尺寸；③综合铸造工艺的约束条件，选择了内筋壁厚为 12mm，外壁厚度 15mm；④出砂孔放置在了非承载方向。

3.5.2　B 型螺旋锥齿轮铣齿机床身设计

B 型螺旋锥齿轮铣齿机的床身示意图见图 3-29。开发 B 型螺旋锥齿轮铣齿机时，床身设计采用 A 型螺旋锥齿轮铣齿机的设计前三条设计原则。与 A 型床身相比，B 型床身做了三条改进：①将水平方向的筋板出砂孔尺寸加大，方便出砂；②出砂孔位置在拐角处，尺寸做了最大程度的降低；③在整机状态下，分析了地脚螺钉布置位置对四条面直线度的影响。

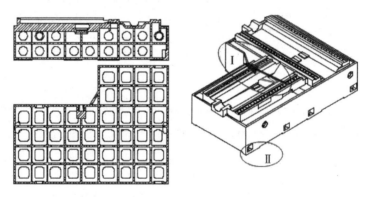

图 3-29　B 型螺旋锥齿轮铣齿机的床身示意图

3.6　螺旋锥齿轮铣齿主轴箱的结构优化

螺旋锥齿轮铣齿机有刀具主轴箱和工件主轴箱两个主轴箱，优化核心是提高主轴轴承和动力传动部件至接口部分传力路径的动静态特性。因装配力矩电机或者传动蜗轮等传动部件需要在箱体上设置一定尺寸的开口，会在一定程度上削弱箱体整体的动静态性能。为避免与传动部件干涉，内部一般无法布置加强的筋板。上述两个因素造成了主轴箱类零件的优化设计有不同于立柱和床身零件的特点。

对主轴箱类零件的结构设计可遵循如下原则：整体筋板的设置可参考床身和立柱的设

置原则；要尽力把开口放置于非主要受力方向；可在轴承或传动部件安装位置的外部增加支撑筋或者增加壁厚进行加强。图 3-30 为 A 型和 B 型铣齿机工件主轴箱的结构简图，W 为蜗轮放入方向；A 型铣齿机的工件主轴箱的蜗轮从侧面装入，B 型铣齿机的工件主轴箱的蜗轮则从背面装入。B 型铣齿机主轴箱的开孔放在主轴箱的尾部，该位置远离切削部位，对整体强度削弱小。对比主轴下部的筋板，B 型铣齿机下部承载筋板的数量要远多于 A 型，因此 B 型铣齿机靠近切削部分的刚度要大于 A 型结构。

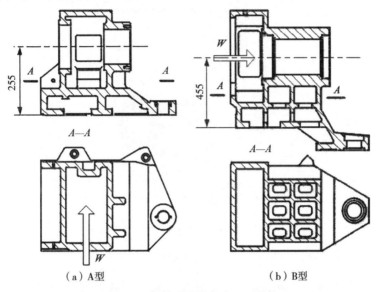

（a）A型　　　　　　　　　　　（b）B型

图 3-30　螺旋锥齿轮铣齿机工件箱

通过数值分析方法对比两型工件箱的动静态特性。有限元模型的边界条件：对两型工件箱的底部施加约束，前端施加向后的推力，计算结果见表 3-6。由对比结果可看出，B 型工件箱的静刚度是 A 型工件箱刚度的 3.2 倍。对比第一阶振型图 3-31 和图 3-32 可知，蜗轮装入开口影响下，A 型工件箱的整体刚度是比 B 型结构大的。B 型工件箱的质量为 A 型工件箱的 7.8 倍，轮廓尺寸为其的 1.8 倍，约束状态固有频率无法直接比较，为此生成一个尺寸直接放大为原来的 1.8 倍中间模型。但从表 3-6 可看出，中间模型的固有频率和静刚度仍然远低于 A 型工件箱的设计方案，这表明 A 型工件箱的设计结构是合理的。

表 3-6　两型工件箱动静态性能对比

工件箱	总质量 /kg	静刚度 /(N/μm)	约束态模态分析 /Hz		
			第一阶频率	第二阶频率	第三阶频率
A 型	103.5	2557.5	448.8	702.6	916.6
B 型	818	797.0	311.4	350.9	484.7
中间模型	604	1420.0	245.5	386.6	502

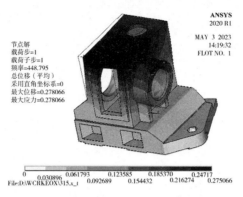

图 3-31 A 型工件箱第一阶振型

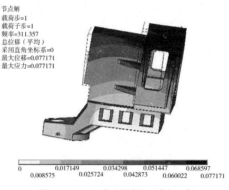

图 3-32 B 型工件第一阶振型

总结上述分析过程，主轴箱类零件的构型原则：主体部分采用矩形筋格的通筋结构；尽力减小装配预留孔的尺寸，若为方形孔则可加入尽可能大的圆角；预留装配孔尽可能放置于尾部；若不发生干涉，可把加强筋放置于主轴轴承的外侧。

3.7 螺旋锥齿轮铣齿机优化后整机的性能对比

将结构优化后的部件代入整机模型中，对比主轴间动柔度；结果见图 3-33。由图 3-33 可看出主轴的动柔度有了大幅度下降，表 3-7 给出的数据表明动刚度至少增加 47.5%。分析过程中，保持材料的力学特性参数不变，结合面的连接方式也不变，使前后对比的结果能够反映主要支承件优化的效果。

根据前述优化设计原则，结合小规格的 A 型螺旋锥齿轮铣齿机进行实验测试，确定床身、立柱等典型结构优化构型原则。B 种规格的 B 型螺旋锥齿轮铣齿机开发过程，充分利用 A 型螺旋锥齿轮铣齿机所获得优化构型原则，提高了支承件的优化设计速度。最终，B 型螺旋锥齿轮铣齿机优化方案经详细设计和实验测试合格后投入市场，受到用户高度认可。

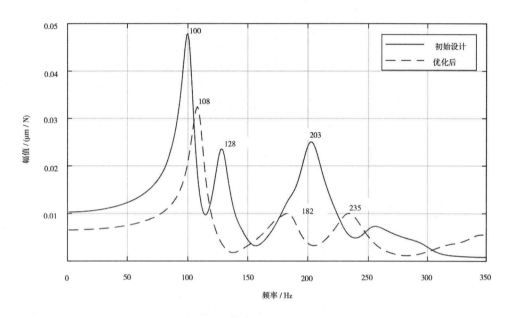

图 3-33　A 型螺旋锥齿轮铣齿机优化前后主轴间 Z 向动柔度对比

表 3-7　A 型螺旋锥齿轮铣齿机主轴间动柔度对比

测量点	点 1	点 2	点 3
初始设计方案动柔度 /（μm/N）	0.0479@100Hz	0.02362@128Hz	0.02509@203Hz
优化后整机动柔度 /（μm/N）	0.03247@108Hz	0.00998@182Hz	0.009884@233Hz
刚度提高幅度（百分比）/%	47.5	136.7	150.9

　　前面所述 A 型和 B 型螺旋锥齿轮铣齿机经过优化设计后，立柱仍是整个设备设计的薄弱环节。因需要安放刀轴箱，立柱前端需要设计为开口结构，导致其沿该方向的抗弯刚度被严重削弱。图 3-34 给出的 C 型干切螺旋锥齿轮铣齿机结构中，刀轴箱被侧挂于立柱上，立柱便可被设计为封闭结构，提高立柱的抗弯刚度。

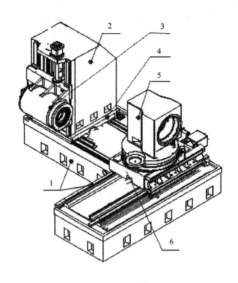

图 3-34　C 型干切螺旋锥齿轮结构

1—床身　2—立柱　3—刀轴箱　4—滑板　5—工件箱　6—工件箱底座

3.8　本章结论

　　本章所优化的 B 型螺旋锥齿轮铣齿机，投产后加工最大模数从最初规划的 12mm 提高至 15mm。工程实例表明：前述实验对螺旋锥齿轮铣齿机薄弱环节的判断是准确的；使用有限元的数值分析方法进行螺旋锥齿轮铣齿机主机结构优化的过程是可靠的。本章给出的有关铣齿机动静态结构优化设计的方法和原则是有效的，可用于指导数控机床主要支承件的优化设计工作。

4

轴承外圈沟槽超精研机提速抑振

轴承外圈沟槽超精研机是轴承外圈内沟槽进行最终超精研工序的核心设备。某型产品欲将研磨加工频率从 800 次 / 分钟提至 1500 次 / 分钟，提速后除提高加工效率外，还可提高加工质量、节约磨料消耗。精研机传动链为异步电机通过四杆机构驱动精研头进行摆动研磨，偏心的研磨头和四杆机构在高速运动时产生的震动力和震动力矩会使精研机产生强烈的振动。解决此问题需要了解设备的振动情况、抗振能力和激振力的产生规律，从振源和抗振能力两个方面综合考虑，寻找解决问题的工程措施。

在对超精研机提速抑振的过程中综合采用了多体动力学分析仿真技术、模态测试技术和振动监控等多种技术。通过多体运动学软件分析传动机构运行产生的惯性激振力（矩）随时间和设备方向的变化规律，确定它们与构建质量的关系；通过实验模态测试技术来分析设备抗振的薄弱环节；利用振动监控技术来分析提高机床抗振能力的装配工艺措施。

4.1 轴承外圈精研机抑振问题简介

轴承外圈精研机床包含左右两台内圈精研机，一台负责外圈沟槽粗研加工，另一台负责外圈沟槽精研加工。其传动结构为：三相异步电机经皮带减速后带动四杆机构驱动研磨头摆动，见图 4-1（a）。精研机研磨头因加工外齿圈内沟槽时避免干涉的需要，存在较大的偏心。其主轴电机为变频驱动，可方便地进行变速。精研机整体通过交叉滚子导轨安装在机床上，由油缸驱动其完成进给运动。一台机床中有左右两台设备，见图 4-1（b）。

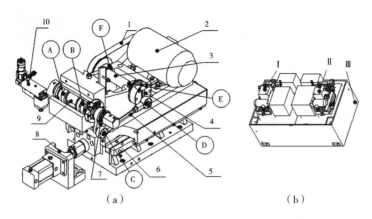

图 4-1　精研机整机结构（箱体被剖开面）

1—皮带　2—驱动电机　3—曲柄轴　4—曲柄盘　5—连杆　6—交叉滚子导轨　7—摇杆

8—进给油缸　9—主轴　10—研磨头

Ⅰ—左侧精研机　Ⅱ—右侧精研机　Ⅲ—床身

4.2　精研机提速后的振动测试

精研机减振实验测试位置见图 4-2。此设备为精研加工设备，切削力极小，可排除发生切削颤振的可能性，提速后的振动为受迫振动。使用测振设备记录的 1500rpm 振动数据，经傅里叶变换后在 25Hz 基频处出现了峰值，这说明精研机的振动为受迫振动的判断是准确的。设备中四杆机构往复运动时产生的振动力是精研机振动的根源。对精研机振动问题的实验分析包括运行振动幅值测试和模态测试两个内容。

振动幅值测试主要了解其振动大小随转速的变化情况，记录下目前正常工作的振动幅值，通过多次测量可确定设备验收的合格标准。模态实验则是精研机在床身安装后的固有频率和振型等参数的获得，确定其薄弱环节及改进方向。

为分析研磨头偏心和四杆机构对振动的影响，实验分别在完备状态和卸下研磨头两种状态下进行。因研磨时切削力极小，均为空运转状态。振幅测试时将设备从 600rpm 以 100rpm 的间隔增至 1500rpm。

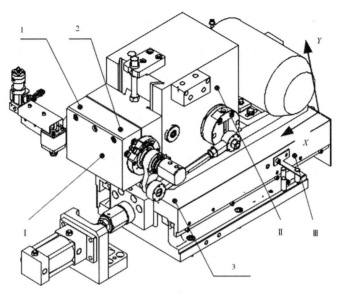

图 4-2　精研机减振实验测试位置

1、2、3—测点位置

Ⅰ—主轴箱　Ⅱ—曲柄箱　Ⅲ—滑板

X—水平方向　Y—竖直方向

4.2.1　精研机振动实验测试分析

对精研机振幅进行测试时，记录精研机机体上靠近研磨头位置的测试点在导轨运动方向和竖直方向的振动变化。测试时，精研机在装有研磨头和卸下研磨头的两种情形下，测试点振动量随着转速从 600 ~ 1500 r / min 时振动的变化情形；测试结果见图 4-3，其为振动的有效值。

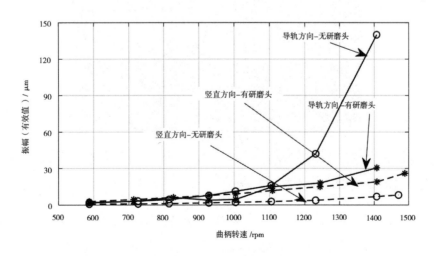

图 4-3　精研机振动随曲柄转速提高的变化情况

根据图 4-3 数据分析可得如下结论：精研机振动随着转速的提高而增加；水平方向振动比竖直方向振动要大；随着转速的提高，水平方向的振动增加更剧烈。测试时，因为设备强烈，在测量沿水平方向振动时，只测至转速 1400rpm 时。

通过对比发现了一个与常识相悖的情况：沿导轨滑动方向的振动在安装有较大偏心的研磨头后，振动幅值变小。造成这种现象的可能原因：①沿导轨运动方向的激振力在安装研磨头后变小；②由于某种原因，造成导轨运动方向抗振能力增强。对其进行四杆机构的动力学分析，确定振动力的变化特点，便可确定产生此现象的原因。

4.2.2 精研机实验模态分析

通过模态测试获得精研机前五阶模态的固有频率见表 4-1。一阶振型为摇杆机体和曲柄机体相对于床身滑动的自由度，二者为沿导轨方向的整体振型，见图 4-4。精研机第一阶模态的固有频率为 28.2Hz，此频率与 1500rpm 时的激振频率 25Hz 接近，故发生了较为强烈的振动情况。振型已表明，沿导轨运动方向的抗振能力较差。

表 4-1　精研机的前五阶固有频率　　　　　　　　　　单位：Hz

振型	第一阶	第二阶	第三阶	第四阶	第五阶
固有频率	28.2	59.6	69.1	98.2	178.6

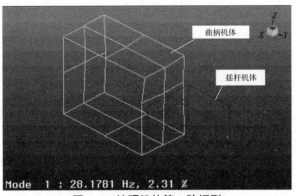

图 4-4　精研机的第一阶振型

4.2.3 精研机实验分析的结论

对精研机的实验分析可以得到以下结论。从振源来看，激振力随着转速提高而增加。从抗振能力来看，导轨沿运动方向的抗振能力差，沿竖直方向的抗振能力较强。结合后续对精研机振动力和振动力矩各分力的组成分析可知，竖直方向的振动力和振动力矩增加了交叉滚子导轨的载荷，相当于增加了导轨的预紧力使其刚度增加，进而增强其抗振能力。交叉滚子导轨抗振能力的增强，使得设备沿精研机沿运动方向的振动下降。

4.3　精研机四杆机构的运动学和动力学分析

精研机四杆机构的曲柄、连杆和摇杆均由若干组件构成，见图 4-1。曲柄由输入皮带轮和曲柄轴组成，装有摆动行程调整机构。连杆为三段机构，便于调整摆动中心，材质为钢。摇杆包含研磨头、主轴和摇臂三个组件构件。利用 CAD 软件的多体动力学分析模块进行四杆机构的运动学和动力学分析，可获得各构件的速度和加速度、轴承的运动载荷、整体的振动力和振动力矩等影响精研机工作性能的关键运动学和动力学指标。图 4-5 为摇杆（研磨头）和连杆的角加速度的变换情况，图 4-6 和图 4-7 分别为研磨头和连杆质心的加速度，图 4-8 和图 4-9 分别为振动力和振动力矩。

前述实验结果表明，精研机的导轨在其滑动方向和竖直面内的抗振能力存在较大差异，故要着重分析沿水平方向和竖直方向振动力的组成。此分析有助于寻找更加有效的减振方案。采用"零质量理想构件法"来分析连杆、摇杆和研磨头对振动力的影响程度。图 4-9 为水平方向振动力的组成，以正向峰值计算，连杆和研磨头大约各产生了 50% 的振动力。对比图 4-6 和图 4-7 可知，精研机研磨头质心的水平方向加速度只有连杆质心水平方向加速度的 40% 左右，但因其质量为连杆质量的 2.4 倍左右，故产生的水平方向振动力幅值基本相同。图 4-10 为竖直方向振动力的组成，从正向峰值来看，研磨头大约产生了 80% 的振动力。研磨头在质心竖直方向的加速度和质量都明显大于连杆，故竖直方向的振动力主要来源于研磨头。

精研机四杆机构在运动时也会产生绕 Z 轴的振动力矩，见图 4-11。该振动力矩会使精研机产生在 XOY 面内的扭动。该振动的方向与导轨抗振能力最强的方向一致，故引起的危害较小。从图 4-11 可以看出，研磨头是产生振动力矩的主要因素。

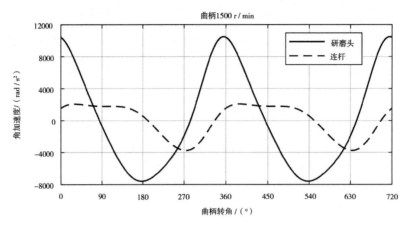

图 4-5　研磨头和连杆的角加速度

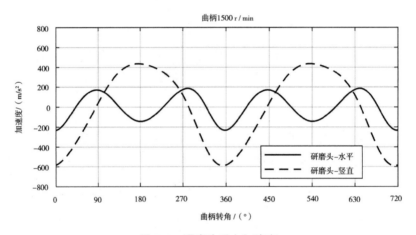

图 4-6　研磨头质心加速度

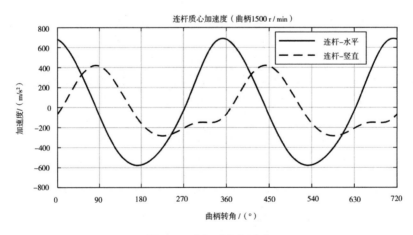

图 4-7　连杆质心加速度

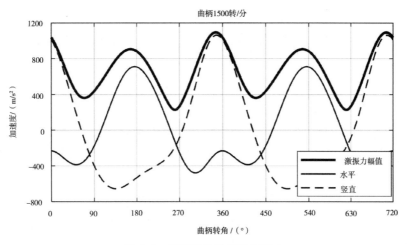

图 4-8　精研机传动链的振动力

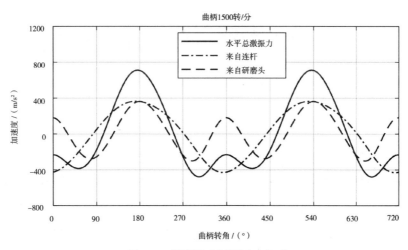

图 4-9　精研机水平振动力组成

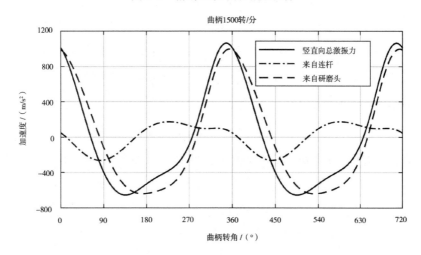

图 4-10　精研机竖直方向振动力组成

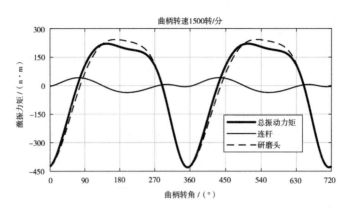

图 4-11　精研机的整体振动力矩

4.4　轴承外圈精研机抑振方案分析

实验表明，精研机运行时振动随着转速的提高急剧增加，从振源和抗振能力两个方向来分析解决精研机的提速抑振方案。

从振源来看，四杆机构因存在偏心，运行时会产生激振力和激振力矩，其大小与转速变化呈平方关系。在提速实验中，设备工作在转速 1500rpm 时，激振力幅值增加为 3.51 倍，使得振幅增加。根据四杆机构的振动力和振动力矩的特性，可通过附加平衡配重或者降低构件质量两个方面来降低四杆机构的激振力，降低设备振源强度。

综合精研机导轨位置与四杆机构激振力的方向特性，采用结构件减重方法抑振的对象是连杆。水平方向的激振力来自连杆和研磨头，其大约各占一半。研磨头内安装了众多的标准零部件，基体材料为铝合金，其引起的激振作用主要在竖直面内。考虑导轨的薄弱方向在水平面内，所以减重的首要对象为连杆。

模态实验表明精研机水平面内沿导轨运动方向的抗振能力较弱，只能满足精研机在 800rpm 的工况。造成这种现象的主要原因：①交叉滚子导轨的预紧力不足，造成运动方向刚度不足；②交叉滚子导轨的能力普遍弱于滑动导轨。精研机存在固有频率（28.2Hz），转速 1500rpm 时激振力频率（25Hz）与其接近，会产生共振，使得振幅急剧增加。提高导轨预紧力是设备提速改造时必须采取的关键措施。

4.5 轴承外圈精研机振源抑制方案分析

抑制现有轴承外圈超精研机的振动力和振动力矩的方法为，减小运动部件质量或者对四杆机构附加配重。减小运动部件质量不仅可减小整体振动力，还可降低轴承载和驱动功率，此措施一举多得，但是因需要保证工作所必需的强度和刚度，故所能降低的幅度有限。附加配重，从理论上可100%地克服四杆机构的振动力和振动力矩。附加配重也会带来轴承载荷增加、驱动功率上升的不利影响。为此需要在完全平衡的基础上，分析针对精研机水平抗振能力弱这一特点的平衡方案。

根据振动力和振动力矩的计算公式可知，降低杆件质心加速度也是降低设备振动力和振动力矩的方法。如果重新设计，降低四杆机构的轮廓尺寸，保持运动构件的质量基本不变，也可达到减小振动力和振动力矩的目的。

4.5.1 连杆减重抑振方案

减小运动部件的质量可以减小超精研机四杆机构运动时产生的振动力和振动力矩。连杆的减重方案见表4-2，质量下降49.3%。减振连杆的示意图见图4-12。更换铝合金连杆对激振力和激振力矩的效果见图4-14~图4-16。由于铝合金连杆减小了质量，其主要沿水平方向运动，故主要减小水平方向的惯性激振力，下降幅度为22%；也减小了绕 Z 轴的惯性激振力矩。

表4-2　连杆减重方案

类型	弹性模量 /GPa	泊松比	最大应力 /MPa	失稳	质量 /g	减重百分比 /%
钢连杆	206	0.29	69.6	安全	575	0
铝制连杆	73.1	0.33	35.5	3.35	275	49.3

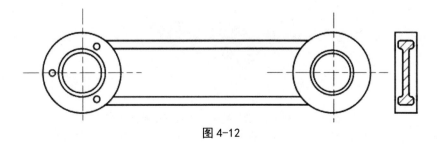

图 4-12

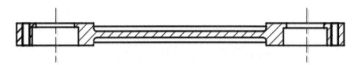

图 4-12　减振连杆的示意图

更换时只需保证铝合金连杆的承载能力即可。精研机工作时承受周期性变化的拉压载荷，保证连杆受拉时不断裂，受压时不压杆失稳即可。对比新连杆前后各个轴承的载荷峰值：摇杆两轴承承受的载荷基本不变；曲柄轴两轴承的载荷下降 10% 左右，连杆与曲柄连接端轴承载荷下降 10.7%，另一端轴承载荷基本不变；皮带的拉力下降了 7.9%。更换轻质连杆对轴承载荷可起到微弱的改善作用，不需对原结构进行重新设计。

综合上述分析，减重方案实施时，对设备的改动程度小，且无须重新设计设备各轴承。

4.5.2　精研机四杆机构平衡预案分析

结合精研机沿导轨运动方向振动剧烈的特点，对四杆机构振动力的平衡提出如下三种方案：①仅平衡四杆机构的振动力；②平衡四杆机构和研磨头的振动力；③平衡四杆机构和研磨头的振动力和振动力矩。第一种平衡方案是降低四杆机构激振力，主要是减轻沿抗振能力最弱方向的振动力；第二种方案，同时降低水平和竖直两个方向的振动力；第三种方案所需附加的配重最多，效果最好。随着平衡效果的增加，轴承载荷增加越多。

精研机四杆机构平衡时所附加的配重见图 4-13。精研机四杆机构附加配重的多少生成了前述的三种方案。这三种方案本属于一种体系，计算和实施方法如下：对研磨头按照刚性转子平衡的办法进行平衡，获得配重三的质量和质心位置；对四杆机构按照线性独立向量法计算平衡振动力所需的配重一和配重二。按照三个配重均存的情况，计算所需配置齿轮的转动惯量参数。

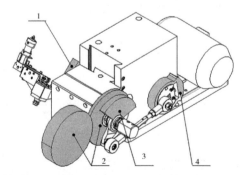

图 4-13　精研机四杆机构平衡时所附加的配重
1—配重三　2—齿轮组　3—配重二　4—配重

对这三种可能的平衡方案效果分析，见表 4-3；所需配置配重数量越多，理论上平衡能力增强越明显。方案一仅需要配置图 4-13 中的配重一和配重二；方案二则需要配置图 4-13 中的三个配重；方案三需配置三个配重和一个齿轮组。方案一的目标是平衡四杆机构产生的振动力，减小水平方向的激振力。方案二则是平衡研磨头的偏心，将水平和竖直两个方向的激振力都减小。方案三理论上可平衡全部的振动力和振动力矩，但因设备空间限制基本无工程实现的可行性，故不对其做详细叙述。平衡后的效果见图 4-14 和图 4-15，可看出方案二基本将振动力全部平衡，基本与理论一致；方案一可降低抗振薄弱方向振动力 50% 左右。根据机构学理论，平衡机构的振动力后，将会影响整体的振动力矩。见图 4-16，方案一和方案二在附加配重后，设备的惯性力矩并未有显著的增加。综合上述分析结果，方案一实施的技术难度最小，再配合增强导轨抗振能力的措施，达到提速目标的可能性极大。

表 4-3　四杆机构的平衡方案

序号	方案一	方案二	方案三
配重一	有	有	有
配重二	有	有	有
配重三	无	有	有
平衡齿轮组	无	无	有
轴承 A 载荷增量 /%	10.6	25.6	294.1
轴承 B 载荷增量 /%	82.3	236.4	899.5
轴承 C 载荷增量 /%	32.7	129.0	507.1
轴承 D 载荷增量 /%	26.5	104.3	409.8
轴承 E 载荷增量 /%	15.3	90.7	388.4
轴承 F 载荷增量 /%	21.2	100.2	404.4
四杆机构振动力	平衡	平衡	平衡
研磨头振动力	未平衡	平衡	平衡
振动力矩	未平衡	未平衡	平衡
工程实现可能性	大	较小	几乎为零

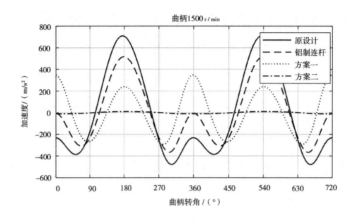

图 4-14 抑振方案水平方向振动力平衡效果

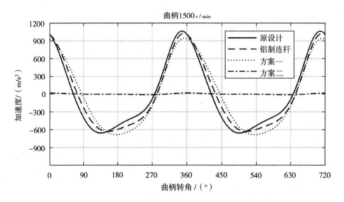

图 4-15 抑振方案竖直方向振动力缓解效果

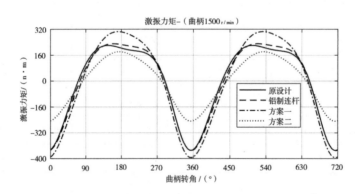

图 4-16 抑振措施对振动力矩的影响分析

附加配重之后，电机由于要多驱动附加的配重，会使皮带的有效拉力和轴承载荷有所增加，电机驱动功率增加。从表 4-3 中平衡前后各个轴承载荷的峰值可见，在前三种方案中随着附加配重数目和质量的减少，轴承载荷和电机驱动功率的增加程度逐渐减小。这三种方案中每个零件载荷都有所增加，所以在采用前三种方案时要对每个零件进行强度校核和重新设计。主轴上两轴承（见图 4-1 中 A、B 两轴承）的载荷增加，导致曲柄机体和摇杆机体之间的分离力增加，采用这三种方案时必须确保曲柄机体和摇杆机体有足够的联结刚度。

4.5.3 不同轮廓尺寸精研机的激振力的对比

四杆机构尺寸会影响各个杆件质心加速度进而影响其激振力，对比了另一台四杆机构轮廓尺寸较小的精研机的振动力和振动力矩的情况，二者主要构件的尺寸见表 4-4，二者的激振力见图 4-17 和图 4-18。从图中可以看出，水平方向的振动力下降较明显，下降幅度为 43%；竖直方向的下降较少，幅度为 7.6%。而且绕曲柄轴线的振动力矩基本不变，这是因为设备的振动力矩主要是由研磨头产生的。

表 4-4 不同轮廓尺寸机杆件尺寸（研磨头摆角 40°）

超精研机	曲柄	连杆	摇杆	连架杆
分析型号	25.4	230.83	75	230.96
对比型号	15.5	161.99	45	162.93

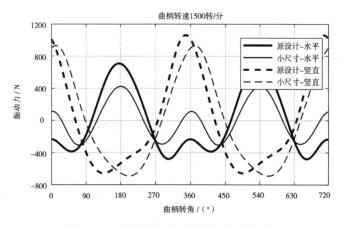

图 4-17 不同轮廓尺寸精研机振动力对比

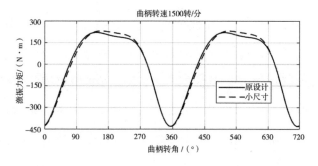

图 4-18 不同轮廓尺寸四杆机构精研机振动力矩对比

受摇杆尺寸减小的影响，新轴承精研机的轴承载荷会有一定程度的变化。轴承 B 的载荷峰值增加 39%；轴承 E 的载荷峰值增加 23%；其他轴承的载荷变化幅度不超过 10%。轴承载荷增加，摇杆尺寸减小，使得研磨头的驱动力臂也成比例降低。根据上述数据可知，采用小轮廓尺寸连杆机构的精研机也是具有极强工程实施性的方案。

4.6 精研机抑振方案实验分析

超精研机的振动情况是振源激振力强度和导轨抗振能力的综合结果，采用实验方法进行测试验证才能够获取可靠的工程实施依据。

根据工程实现的可能性，进行实验的产品为对精研机的四杆机构振动力进行平衡的方案一。此方案需要配合导轨预紧增强抗振能力的措施一起实施，为获取有效、全面的提速抑振方案，制订以下实验方案：第一步，测量在无研磨头和完备状态下精研机的振动情况；第二步，测量精研机四杆机构附加配重后，在无研磨头和完备状态下的振动情况；第三步，增加导轨预紧，测量精研机完备状态下的振动情况。

4.6.1 精研机无研磨头四杆机构附加配重的减振效果分析

不装备研磨头，精研机是无法进行加工的，但此时可更好地反映四杆机构在运动附加配重前后的减振效果。四杆机构机构振动力的分析表明：附加配重，如果精度足够可达到 100% 的效果；可设备的振动还受机架连接刚度的影响。此实验测试的振动是二者综合效果的反映。

从图 4-19 和图 4-20 对超精研机四杆机构附加配重后，不安装研磨头的情况下振动量的对比结果可看出，附加配重对水平方向的减振具有良好的效果。减振的幅度接近振动力的改善效果。振动力分析表明，附加配重之后可减少四杆机构产生的水平方向的振动力 90% 以上。测点 1 附加配重后：振动在 625r/min 时降低约 60%，振动在 791.4r/min 时降低约 77%，振动在 1209r/min 时降低约 90%。对比二者数据可看出，附加配重平衡是可起到减振作用的。

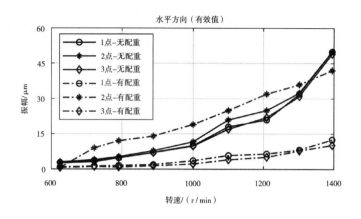

图 4-19　无研磨头，四杆机构平衡前后水平方向振动

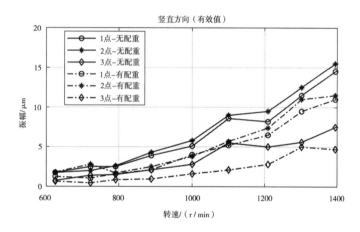

图 4-20　无研磨头，四杆机构平衡前后竖直方向振动

由图 4-20 的数据对比可知：附加配重对竖直方向的减振效果不如水平方向明显。产生此现象的原因：精研机竖直方向的振动是竖直方向振动力和绕 Z 轴振动力矩的共同作用。平衡后，精研机绕 Z 轴的激振力矩增加，竖直振动力降低，综合结果是竖直方向的振动基本不变。

4.6.2　精研机导轨预紧减振效果的分析

图 4-21 和图 4-22 给出的实验结果表明：超精研机在装有研磨头时，增加导轨预紧力后，可以有效提高超精研机的抗振能力，降低高速运行时的振动。对水平方向振动量的改善作用在转速大于 1000rpm 情况下比较明显，特别是改善了 1500rpm 附近时机架振动量急剧增加的现象。产生此现象的原因：增加导轨的预紧力可以提高导轨的一阶固有频率（见

表 4-1 中第一阶固有频率），使其远离超精研机最大工作转速时的振动频率（25Hz）。增加导轨预紧力对摇杆机体上竖直测点 1 和测点 2 振动的抑制效果较明显，但是对滑板测点 3 在竖直方向的振动改善效果不明显。

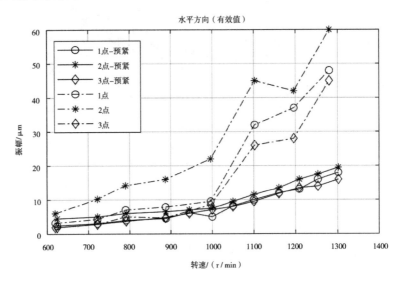

图 4-21　导轨预紧前后精研机水平方向振动量

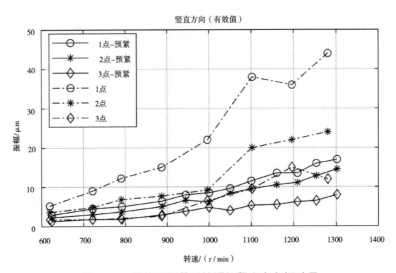

图 4-22　导轨预紧前后精研机竖直方向振动量

4.6.3　精研机完备状态四杆机构附加配重的效果分析

超精研机装有研磨头附加配重后的振动测试结果表明，四杆机构附加配重之后使得摆动主轴机体上的测点 1 和测点 2 的振动增加，测试点 3 的振动量基本不变，见图 4-23 和图 4-24。振动测试实测结果与对平衡效果的理论分析是相反的。

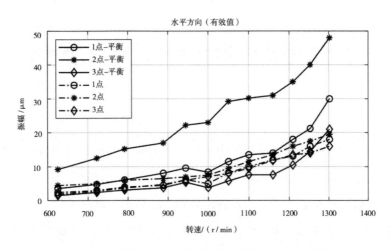

图 4-23　（有研磨头，附加配重）精研机水平方向振动

平衡后精研机振动反而增加的现象，与精研机的机体发生了分离振动有关。由图 4-23 可看出，超精研机在没有附加配重之前，三个测点在水平方向的振动量基本相同，但是附加配重和研磨头之后，靠近研磨头的测点 2 的振动量最大，滑板上测点 3 的振动量最小。上述现象表明：附加配重后，精研机的机体振动从在导轨上整体晃动转变为分离振动。根据表 4-3 给出的数据，精研机轴承 B 的载荷增加一倍，实测结果也是测点 2 的振动增加最严重。此测试结果表明，设备需要加强两个机体之间的连接刚度。

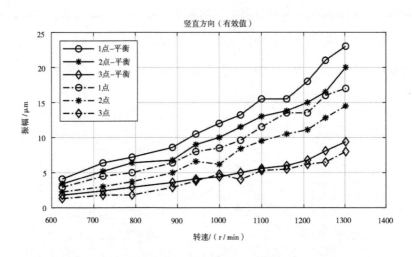

图 4-24　（有研磨头，附加配重）精研机竖直方向振动

4.7 精研机装配因素对振动的影响

装配质量合格的不同精研机的振动也会因零件和装配质量的分散性，导致实际运行时振动量不同。前述实验测试中，出现了若干因装配质量导致振动增加的现象。综合实验过程中超精研机振动异常发生的情况，可确定影响超精研机振动的关键装配因素。

测量实验机床左右两侧超精研机的振动情况，便于确定影响振动大小差异的组成部件因素。对超精研机床各主要连接环节进行重新检查，所有连接螺钉使用力矩扳手重新锁紧，通过上述措施尽量保证设备的状态接近实际工况且基本一致。该机床包含两台超精研机，见图 4-1（b），一台负责粗研过程，另一台负责精研过程。

对比两侧超精研机的振动量发现，两侧超精研机在水平方向的振动量大小存在明显差异。从图 4-25 和图 4-26 可看出，左侧的振动量比右侧振动量大 69% 左右；在竖直方向的振动有效值基本相同。这说明导轨本身的质量对超精研机水平方向的抗振能力影响较大，特别是会影响超精研机第一阶固有频率的高低。两侧超精研机竖直方向的三个测量点中，靠近研磨头位置的测点 1 振动量最大，滑板上 3 点的振动量最小。不同测点之间的振动产生原因：靠近研磨头点位置的激振力最大，但刚度几乎是最弱的。导轨本身的质量对沿导轨滑动方向的抗振能力影响较大，竖直方向由于垂直于导轨滑动方向，抗振能力较强，相差不大。

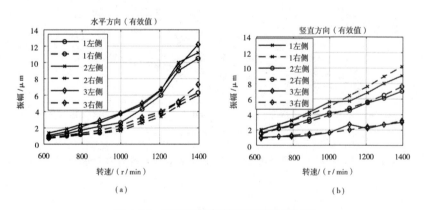

图 4-25　左右两侧超精研机振动量对比

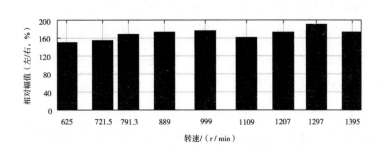

图 4-26　左右两侧超精研机水平方向的振动量对比

纵观整个测试过程，随着逐渐调整设备，振动量变小，见图 4-19~ 图 4-26。在最初测试时，设备三个测点位置的振动存在杂乱无章的现象，表明设备的振动没有能够做到一体式振动；见图 4-19~ 图 4-24。对设备进行重新检查、装配后，水平方向的振动一致，竖直方向的振动差异是因三个测点距振动中心位置距离不同而产生的。测试结果表明，改善装配即可有效降低精研机设备工作时的振动量。

总结实验过程中出现的振动异常现象，确定装配需要重点关注的环节如下：根据模态结果和振动情况，为保证设备正常工作，需要严控如下环节：①确保交叉滚子导轨的预紧力，保证精研机转速 1500 r / min 以下不会发生共振；②对主轴箱体和曲柄箱体之间连接，为确保可靠性可换为楔形镶条，且要保证接触表面的接触面积；③对箱体与滑板间连接，要保证螺钉连接的预紧力和刚度。

一台装配合格机床上的两台精研机的振动存在较明显区别的原因：左右两侧精研机导轨抗振能力存在较明显的差距。为验证上述结论，对交叉滚子导轨质量进行了检测，通过测量滚柱直径，发现其波动范围为其允许值的 3 倍。此件为外购件，要严控采购质量；对已采购产品，可使用合格滚柱替换部分误差超标的滚柱，保证其尺寸的一致性。

4.8　精研机提速的实施方案

前面给出可以实施的减振工程措施：①更换轻质连杆；②增加预紧精研机导轨或增大规格；③将精研机的滚动导轨换为滑动导轨；④对四杆机构附加配重。四种措施在工程上可存在实施性，但每种都无法达到 1500rpm 的理想状态，必须两种措施联合实施。从实验结果来看，对现有设备的滚动导轨适当增加预紧，便可在较高的转速下工作；从实验结果来看，工作转速可以达到 1200～1300 次/分钟。考虑工程可实施性有两种方案：①更换滑动导轨或增加导轨预紧力，配合轻质连杆；②更换滑动导轨或增加导轨预紧力，对四杆机构附加方案 1 的配重。

厂家考虑到设备的可靠性、简洁性和耐用性，采用了第一种方案。实施中，将滚动导轨更换为贴塑滑动导轨；连杆采用钢制连杆出厂，在大批量生产中更换为铝合金整体式结构。经过实践表明：改进型的精研机能够在大批量的生产中，使用 1500 次/分钟的转速进行稳定生产。

4.9 本章结论

轴承精研机是球轴承外圈内沟槽研磨精加工的一个核心设备，应用于大批量生产场合，提速增效可有效提高设备的竞争力。为确定有效地提速抑振，对传动链进行了动力学特性的数值分析和运行实况的振动测试。

对传动部分的动力学分析表明：连杆减重比附加配重更有实用价值。附加配重可有效降低振动力，但也会使轴承载荷大幅增加，机体之间产生分离振动等不利现象。连杆减重措施在轴承载荷微降的同时，可显著降低水平方向激振力。

对设备在实际工况下的振动测试表明：严控装配质量，对导轨增加预紧可有效降低提速后精研机的振动。增加导轨预紧，可使设备提高工作转速 50% 左右。

厂家对新产品采用的改进措施：更换滑动导轨和铝合金轻质连杆。本章所述的增加导轨预紧抑振和更换轻质连杆两种措施还可用于旧设备的提速改造升级。

经济型数控龙门铣床加工中心
动静态性能优化

龙门铣床适合加工大型工件，其结构由横梁、立柱、工作台、滑枕和拖板等组成。此类机床的加工适用范围广，但其体积大，故成本高，为此发展了一种采用侧挂式的动梁式龙门铣床以降低成本。该机床的立柱比一般龙门铣床要高，从刀具至工件的总路径长，造成其动静态特性较差。需要对其结构进行优化设计，能够在兼顾成本的情况下保证此经济型龙门铣床的动静态特性。

此机型结构新，可参考依据少，只能依据对其数值模拟的结果进行优化设计。利用有限元模型的模态分析和谐响应分析确定机床薄弱环节，并在此基础上对立柱和横梁进行优化设计。最后对样机进行实际切削，验证优化改进效果。

5.1   经济型数控龙门铣床结构简介

经济型数控龙门铣床的整体结构见图 5-1，其特点是立柱通过两条滚动导轨侧挂于床身的侧边。主机结构包括六大部分：床身、左 / 右立柱、滑枕、拖板和横梁。床身通过三排地脚螺栓固定于地面上；其两侧安装有驱动丝杠，依靠伺服电机的同步驱动实现对两侧立柱的驱动向前。拖板通过三条导轨安装在横梁上，横梁前部中央安装有丝杠。主轴电机通过滑枕前部开口将动力传至主轴。

新产品样机开发完毕后，试切后发现设备所能承受的切削深度仅达到 1.5mm，其加工效率无法满足用户要求。对此机床进行结构动静态特性优化设计，以使其达到最初的设计指标要求。

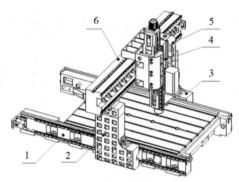

图 5-1　经济型数控龙门铣床整机结构示意图

1—床身　2—左立柱　3—右立柱　4—滑枕　5—拖板　6—横梁

5.2　经济型数控龙门铣床整机动静态性能的数值分析

获得经济型数控龙门铣床样机的动静态性能指标是进行优化设计的前提条件，设备已经拆解，无法进行整机实验，只能依靠仿真分析来确定其薄弱环节。仿真分析主要包括如下三方面：静态分析、模态分析和主轴间传递函数分析。静力分析结果可确定静变形的大小，是一个静刚度的指标；综合模态分析和主轴间传递函数分析结果可确定设备的薄弱模态，有助于提高其动刚度。通过提高设备的静刚度和动刚度，最终达到提高设备切削性能的目的。

5.2.1　整机数值分析模型的边界条件

施加合理的边界条件是获得准确仿真结果的前提，此处的准确只需要准确地反映薄弱环节即可。此次优化设计工作无法通过实验获得一定的翔实数据，只能依靠仿真方法获得其性能数据。根据多台设备有限元分析结果和实验数据的对比，影响仿真精度的边界条件有两处：地界螺钉固定处和运动部件的导轨。对此机床设置地界螺钉的面积与其地脚面积和形状相同。导轨则将其基本按照原来的形状建模，导轨块和导轨条之间留有间隙；划分单元后，利用节点耦合将二者固定。

此种边界条件比真实刚度的要强一些，但是根据多台机型分析优化经验，采用此种建模方法可获得能够反映设备薄弱点和优化方向的有效数据。此外，此种建模方法留有较大的改进余地，如将节点之间耦合关系更换为弹簧单元，根据实验结果对模型进行修正，使得优化设计的结果更加准确。

5.2.2　整机静力分析

静刚度是衡量机床动静态性能的一个指标，通过对比静刚度的改善情况可确定方案优化的效果。为对比静刚度的变化程度，建立如图 5-2 所示的有限元模型。在滑枕的下部施加外力来分析其静变形：第一，同时施加三个方向的 1000kgf 的外力，计算其三个方向的变形；第二，分三次单独施加 X、Y 和 Z 三个方向的 1000kgf 的外力，计算整机变形，如图 5-3 所示，计算结果见表 5-1。表中给出的刚度值是在没有考虑导轨刚度影响情况下得到的，其特点：第一，数值比真实值偏大；第二，能够更好地反映整体结构组合时框架的变形状况。

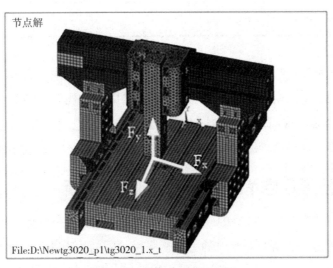

图 5-2　静力分析边界条件

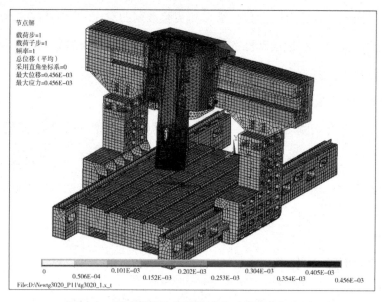

图 5-3　经济型数控龙门铣床变形（三向加力）

表 5-1　整机静态分析结果

加力 9800N	X 方向变形	Y 方向变形	Z 方向变形	刚度值 / (N/μm)
X、Y、Z 三向同时加力	199.9	119.1	363.2	X 方向：49.0；Y 方向：82.3；Z 方向：26.9
X 方向	200.6	0.4	−1.0	48.9
Y 方向	0.4	53.2	6.54	184.2
Z 方向	−1.0	65.5	298.8	32.8

　　分析表 5-1 中数据，可得如下结论：第一，与以往计算所得数值相比偏小；第二，滑枕承受 Y 水平面内的外力时产生的静变形较大，这是因为滑枕对横梁受力后产生的扭转变形有放大作用。当对滑枕前端单独施加 Y 方向和 Z 方向载荷时，在 Z 方向和 Y 方向引起了较为明显的变形；这是横梁结构抗弯和抗扭刚度差被滑枕在长度方向的放大引起的。

5.2.3　经济型数控龙门铣床的整机模态分析

　　为分析该龙门铣床切削性能差的原因，首先对其进行了模态分析。根据该机床工作时要求有地基作为固定，分析时与整机静力分析采用相同的约束条件。计算其前六阶模态，结果见表 5-2，振型见图 5-4~图 5-9。根据振型分析来看，横梁抗弯和抗扭差引起第一阶和第三阶振型；龙门架高度过大，其抗扭和抗弯能力差引起第二阶和第四阶振型；第五阶和第六阶振型则与滑枕前端开口过大，严重削弱其刚度有关。

表 5-2　经济型龙门铣床的约束态模态分析结果

阶次	频率 /Hz	振型描述	阵型图
第一阶	24.0	前后摇摆	图 5-4
第二阶	28.9	龙门框架左右摆	图 5-5
第三阶	46.5	滑枕和拖板绕横梁长轴的扭	图 5-6
第四阶	48.0	龙门框架爱绕竖直中心扭	图 5-7
第五阶	88.9	滑枕和拖板绕横梁轴线扭	图 5-8
第六阶	103.7	滑枕前端摆	图 5-9

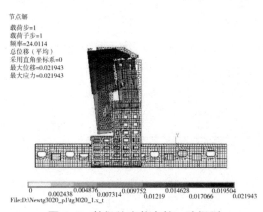

图 5-4　整机约束状态第一阶振型

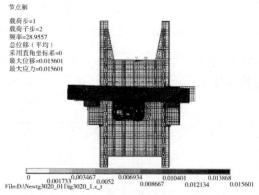

图 5-5　整机约束状态第二阶振型

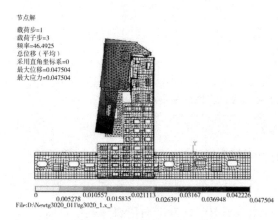

图 5-6　整机约束状态第三阶振型

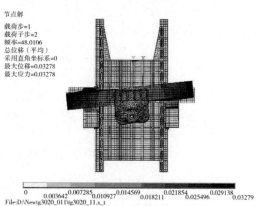

图 5-7　整机约束状态第四阶振型

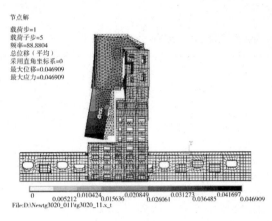

图5-8 整机约束状态第五阶振型　　　　　图5-9 整机约束状态第六阶振型

5.2.4　经济型数控龙门的主轴传递函数分析

在静力分析和模态分析后，对数控龙门铣床的主轴进行谐响应分析，获得其主轴的传递函数。鉴于床身被大面积固定于地基上，对其主轴沿 X、Y 和 Z 三个方向施加幅值为 9800N、频率范围为 0 ~ 350Hz 的三个方向的正弦力进行激振。幅频响应结果见图 5–10。通过幅值对比可看出，Y 方向和 Z 方向在 $f=49$Hz 时响应幅值最大；X 方向在 $f=105$Hz 时响应幅值最大。

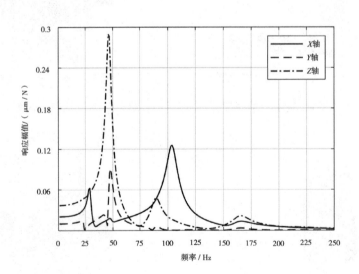

图 5-10　经济型数控龙门铣床的主轴动柔度

根据机床动力学知识可知，设备 Z 方向和 Y 方向的最大响应发生在 $f=49$Hz 附近，对应于设备的第三阶固有频率；X 方向最大响应发生在 $f=105$Hz 处，对应机床的第六阶振型。

5.2.5　经济型数控龙门铣床的优化方向

综合静力分析、谐响应分析和模态分析三者结果，便可确定机床的薄弱环节。对各薄弱环节排序如下：第一，机床的横梁；第二，前端带有开口的滑枕；第三，高度较大的龙门框架，它们对机床切削性能影响的程度逐渐减弱。

考虑该设备的开发目标是经济型数控龙门机床，根据对龙门铣床薄弱环节修改的难易程度，便可确定优化设计的原则和顺序。对设备的整体构型不做修改，以便保持其成本低的特点。第一个改进构件，减小滑枕前端的开口，避免距离主轴最近部位出现薄弱环节；第二个改进构件，增加横梁的截面尺寸和内部筋板布局。若上述构件优化后仍不能满足设计要求，再对立柱进行改进。

5.3　经济型数控龙门铣床部件模态分析

在确定整机薄弱环节以后，对数控龙门铣床的横梁和立柱做了模态分析，以便确定优化设计方向。因其在设备中的位置，很难对其施加较为真实的边界条件，故进行了约束态和自由态的模态分析。在整机分析中已经确定滑枕的设计缺陷为其前端开口过大，其优化方向已经明确。

5.3.1　横梁模态分析

经济型数控龙门铣床横梁的结构如图 5-11 所示。有限元模型采用 Shell 类型单元，材料为铸铁。约束态和自由态的前四阶模态分析结果分别见表 5-3 和表 5-4。约束态的振型见图 5-12~ 图 5-15；从图 5-12 和图 5-15 可看出，第一阶振型和第四阶振型是由横梁的抗弯刚度造成的；从图 5-13 和图 5-14 可看出，第二阶和第三阶振型为横梁扭转刚度低所致。由图 5-16 自由态第一阶振型可知，其抗扭刚度差；由自由态第二、三和四阶振型看出，横梁的抗扭刚度差，见图 5-17~ 图 5-19。

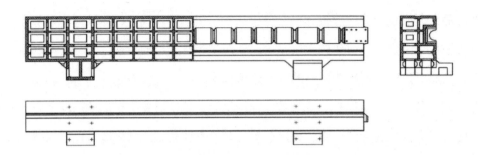

图 5-11　经济型数控龙门铣床横梁的结构示意图

表 5-3　横梁约束态模态分析结果

序号	固有频率 /Hz	振型描述	备注
1	102.6	中部向前鼓	图 5-12
2	153.4	中部扭	图 5-13
3	155.73	对角扭动	图 5-14
4	159.32	对角扭动	与上一阶类似
5	174.8	中部下弯，两端向下	图 5-15

表 5-4　横梁模态分析结果

序号	固有频率 /Hz	振型描述	备注
1	98.017	绕长度轴线扭转	图 5-16
2	101.35	中心绕竖轴弯	图 5-17
3	131.21	一阶弯曲	图 5-18
4	239.69	弯扭复合	图 5-19

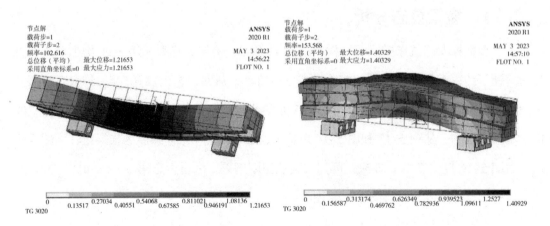

图 5-12　横梁约束状态第一阶振型　　　图 5-13　横梁约束状态第二阶振型

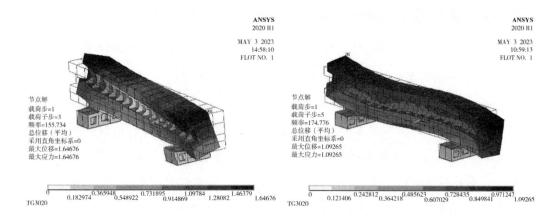

图 5-14　横梁约束状态第三阶振型　　　　图 5-15　横梁约束状态第四阶振型

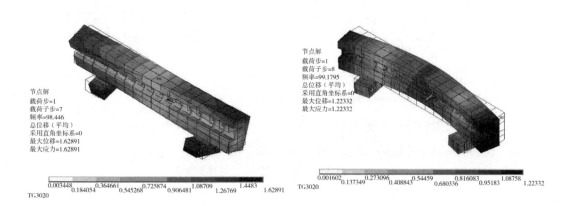

图 5-16　横梁自由状态第一阶振型　　　　图 5-17　横梁自由状态第二阶振型

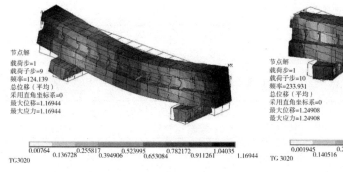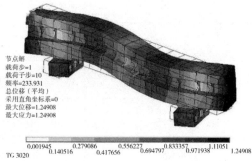

图 5-18　横梁自由状态第三阶振型　　　　图 5-19　横梁自由状态第四阶振型

5.3.2 立柱模态分析

该龙门铣床的立柱下部通过导轨滑块连接在床身上，上部与横梁相连接；其结构见图 5-20。其约束边界条件处于自由和完全约束之间。为此分析了立柱在约束状态和自由状态下的模态。约束位置为导轨滑块安装位置，见图 5-1。

其模态分析结果，见表 5-5；约束态振型见图 5-21 和图 5-22；自由态振型见图 5-23和图 5-24。总体看来，固有频率较高，不存在明显的薄弱方向。立柱采用矩形筋格结构，符合第 3 章分析所得优良支承件的内部筋板设计原则。立柱的筋板密度较大，可通过降低筋板密度、增大截面尺寸的方法来提高其动静态性能。

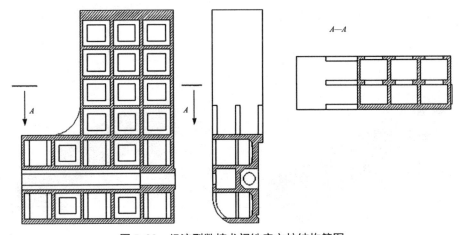

图 5-20　经济型数控龙门铣床立柱结构简图

表 5-5　立柱模态分析结果

阶次	约束状态 /Hz	自由状态 /Hz
第一阶	165.6	248.40
第二阶	193.9	336.70
第三阶	359.8	356.80
第四阶	418.8	501.13
第五阶	547	602.69
第六阶	580	641.35

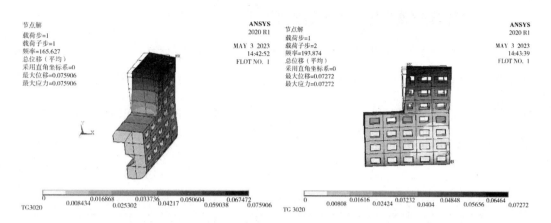

图 5-21　立柱约束状态第一阶模态振型　　　图 5-22　立柱约束状态第二阶模态振型

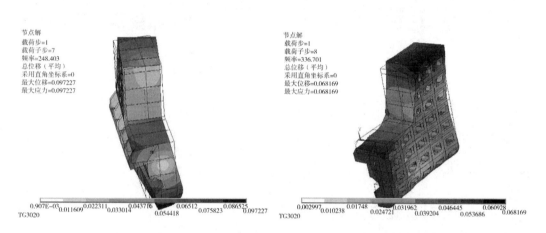

图 5-23　立柱自由状态第一阶模态振型　　　图 5-24　立柱自由状态第二阶模态振型

5.4　经济型数控龙门铣床整机结构优化

经济型数控龙门铣床采用立柱侧挂于床身的结构，薄弱环节在于横梁和滑枕。综合考虑生产状况，确定了首先改进滑枕和横梁的优化顺序，根据实验效果确定下一步的整体原则。因此，首先对二者进行优化设计，通过谐响应方法分析确定改进前后主轴动刚度的改善程度。

5.4.1　横梁和滑枕优化方案的确定

横梁优化设计的方向是增强其抗扭和抗弯能力。根据第三章给出的优化设计原则整体上采用矩形筋格、全部为通筋结构；根据提高梁的抗弯刚度和提高抗扭刚度措施，要增加横梁截面尺寸。优化后的筋板布局方案见图 5-25，横梁主体部分高度从 420mm 提高至 700mm，严控出砂孔的形状。

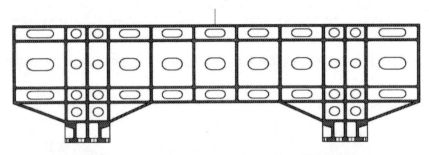

图 5-25　经济型数控龙门铣床横梁筋板布局方案

对滑枕的优化，就是将其下部开口减小，同时加入大圆角。滑枕下部开孔尺寸较大是因为主轴因提高扭矩的需要加入一个降速的皮带传动。若采用电主轴传动，则可将下部开口完全封闭，此问题将不再存在。

5.4.2　整机优化方案的分析

在投产前，将立柱和滑枕配置优化后的经济型数控龙门铣床进行有限元建模，对其进行了模态分析和主轴动柔度分析。模态分析的结果见图 5-26~ 图 5-29 和表 5-6，从中可看出其振型并无太大变化，但固有频率有所提高。对优化的整机进行谐响应分析，其主轴的动柔度如图 5-30 所示，对比 Z 轴的响应，可看出其动刚度幅值提高了 117%。通过对优化后的方案进行动态性能的有限元分析可知，其性能有很大提高，可进行实物测试。

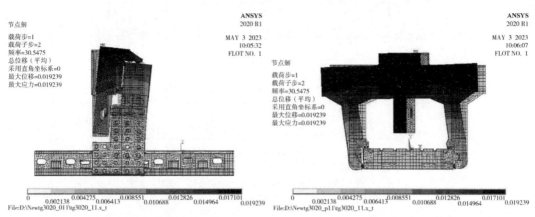

图 5-26 优化整机第一阶振型　　　　　　图 5-27 优化整机第二阶振型

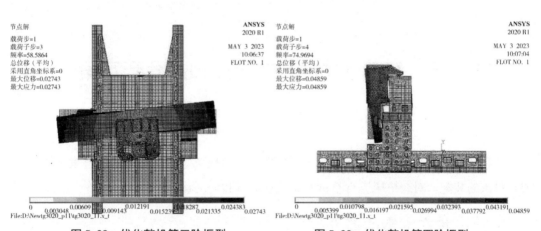

图 5-28 优化整机第三阶振型　　　　　　图 5-29 优化整机第四阶振型

表 5-6 经济型龙门铣床优化方案的约束态模态

阶次	频率 /Hz	振型描述	阵型图
第一阶	30.5	前后摇摆	图 5-26
第二阶	31.9	龙门框架左右摆	图 5-27
第三阶	58.6	滑枕和拖板绕横梁长轴的扭	图 5-28
第四阶	75.0	龙门框架爱绕竖直中心扭	图 5-29

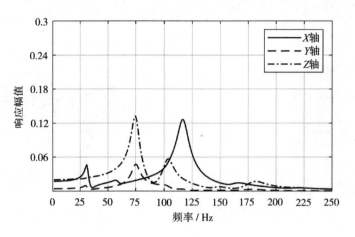

图 5-30　优化后整机的主轴动柔度

5.5　经济型数控龙门铣床的投产方案

在经济型数控龙门铣床优化设计工作完毕后，对横梁、滑枕等部件进行重新铸造，完成新机床的装配。对新机床进行整机实验模态测试和切削状态实验。

5.5.1　投产方案的简介

受铸造工艺的影响，对横梁的投产方案进行一定的结构改动，见图 5-31。与图 5-25相比，增加了立柱的上部筋格的间距，这可使中间筋格的高度减小，降低出现制造缺陷的可能性。此措施会使立柱的抗扭刚度有一定程度的降低，因受铸造工艺限制，最终投产的为此结构立柱。

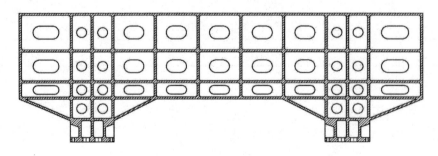

图 5-31　实际投产横梁方案

5.5.2 新样机的实验测试

鉴于其为经济型数控龙门铣床，只需要满足客户对切削性能的要求即可，为此进行了切削实验。使用一把四齿的端面铣刀进行切削实验时，实验时的主轴转速分别为 900r/min 和 1500rpm，进给速度为 600mm/min，切深逐步从 1.5mm 达到 2.5mm。图 5-32 为切削状态下的振动频谱，可看出全部为受迫振动，无颤振发生。这说明结构优化已经能够满足客户的需求。

新样机投产后，对产品进行实验模态测试和切削性能测试。实验模态测试的结果见表 5-7，前四阶振型见图 5-33~ 图 5-36。由此可以看出修改后龙门机床仍存在滑枕前端较弱的情况，龙门腿部较高仍是限制机床性能提高的关键。后期批产时，要改进传动方式，缩小前端开口，设备性能仍有提高的余地。

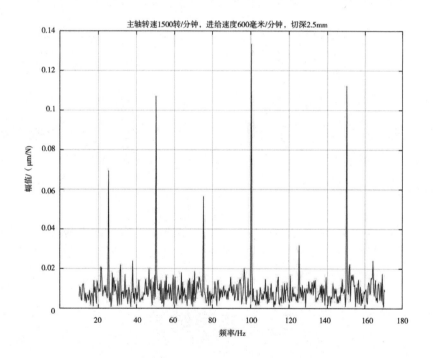

图 5-32 极限切削状态下，主轴的振动频谱

表 5-7 新样机实验模态测试

阶次	频率 /Hz	振型描述	备注
第一阶	13.5	龙门架点头	图 5-33
第二阶	29.5	龙门架扭动，滑枕前端扭动	图 5-34
第三阶	50.2	龙门架腿扭动，横梁弯曲，滑枕前端扭动	图 5-35
第四阶	60.7	龙门架腿扭动，横梁相对立柱扭动，滑枕前端扭动	图 5-36

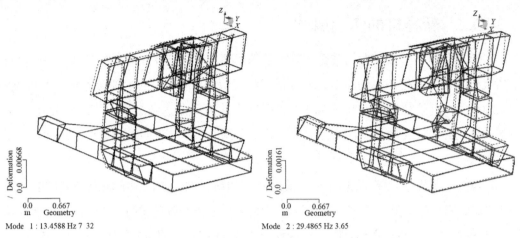

图 5-33　新样机模态测试第一阶振型　　　　图 5-34　新样机模态测试第二阶振型

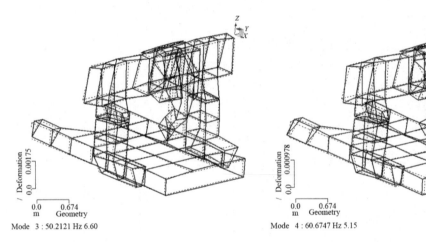

图 5-35　新样机模态测试第三阶振型　　　　图 5-36　新样机模态测试第四阶振型

5.6　本章结论

本章给出的实例为完全依靠有限元分析方法判断机床的薄弱环节，据此确定优化方案的成功案例。文中采用有限元分析模型进行计算时，并未加入弹簧单元，按照导轨和地脚螺钉面积进行固定。实验测试的结果：采用 $\phi 63$ 的刀具切削试件，切削厚度从 1.5mm 提高至 2.5mm，设备仍未发生异常振动。该型设备已较好地满足用户对设备性能的需求，顺利交货多台。

此实例表明，依靠较为合理的边界条件便可获得对改进机床设计有工程实用价值的分析结果。在新机床开发中，可把有限元分析方法所获的主机结构优化方案作为指导改进机床设计的有利依据。

立式磨床磨削波纹成因

数控立式磨床因装夹方便，在生产中获得了广泛的应用。磨削中如果振动超标，则会严重影响工件的表面质量。影响工件表面质量的振动有颤振和受迫振动两种类型：前者是由机床动刚度不足引起的；后者在磨床中是由主轴或砂轮的动平衡品质较差引起的。对数控立式磨床来说，应从以下两方面考虑提高其加工性能；消除切削颤振要靠提高机床主机的动刚度；降低受迫振动主要是提高主轴或者砂轮的动平衡品质。因此，需要采用动态测试和磨削实验确定磨床产生异常波纹的原因。

针对数控立式磨床磨削时表面不正常的纹路，可采用磨削实验和动态测试确定其成因。分析过程中主要记录如下三方面的数据：①动态测试测定的机床结构的固有频率和动态刚度；②磨削过程中的振动时域信号；③改变磨削工艺参数，以确定工件表面条纹出现规律。根据磨削参数和工件表面波纹可确定波纹发生的频率，磨削过程振动频谱存在此频率成分；此频率与砂轮转动激振频率一致则是受迫振动，与固有频率重合则是颤振。上述测试完毕后，便可确定机床薄弱环节，有针对性地开展改进工作。

本章所分析的是两型数控立式磨床，一台是加工规格为 $\phi 800$ 的中型立式磨床，以下称 A 型立式磨床；另一台是加工规格为 $\phi 1600$ 的大型立式磨床，以下称 B 型立式磨床。

6.1　两型号数控立式磨床结构

两型立式磨床均为三轴立式磨床，因加工对象不同，二者结构稍有差异。A 型立式磨床主要用于圆柱类回转零件的内孔精加工，如图 6-1 所示；B 型立式磨床用于锥形回转表面的磨削加工，如图 6-2 所示。A 型数控立式磨床三轴数控：X 轴为滑板的水平运动；Y

轴为滑板上主轴箱的上下运动；C轴为床身的回转工作台，可完成工件的旋转运动。B型立式磨床的X轴和C轴的结构与A型立式磨床相同。但是，B型立式磨床的X轴拖板上有一个回转体，回转体上装有滑枕，在滑枕上设有驱动砂轮主轴的Y轴。B型立式磨床根据工件锥度将滑枕调至相应角度，由对Y轴完成对锥形工件母线的磨削，此结构无须使用联动，便于对锥形零件进行高精度的磨削。

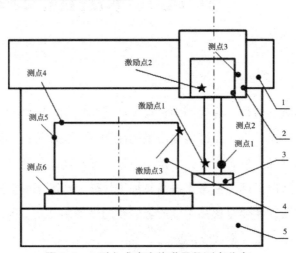

图 6-1　A 型立式磨床传递函数测点分布

1—龙门架　2—拖板　3—砂轮主轴　4—工作台　5—床身

　　A型立式磨床回转工作台（C轴）为力矩电机驱动的全静压结构；B型立式磨床的回转工作台（C轴）则由同步带驱动，径向采用双列圆柱滚子轴承支撑，轴向为闭式静压轴承。二者直线轴均为滚动体导轨。A型立式磨床和B型立式磨床的主轴为悬伸较大的结构，如图 6-3 所示。

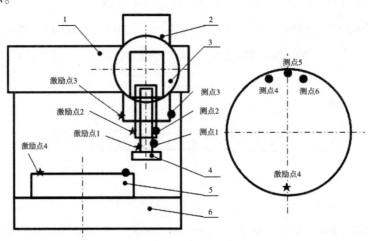

图 6-2　B 型立式磨床结构

1—龙门架　2—拖板　3—砂轮主轴　4—工作台　5、6—床身

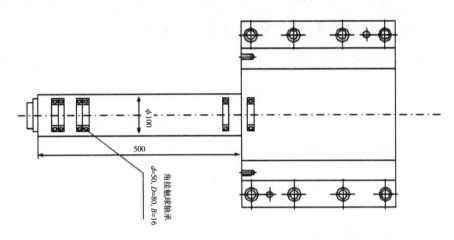

图6-3 A型立式磨床砂轮主轴外形

6.2 立式磨床磨削波纹发生规律分析

通过分析磨削波纹的形状和出现的规律可确定其产生的原因。通过形状可大致确定波纹产生的原因是磨削振动还是磨削工艺参数不匹配。通过波纹出现数量与工件转速的关系可以确定振动的频率。对比振动频率与机床固有频率和机床砂轮转速之间的关系,可确定机床的薄弱环节。

6.2.1 两型立式磨床磨削工件波纹的特点

两型立式磨床一共记录三种类型的波纹:第一种外观为斜纹,第二种为竖直纹,第三种小碎纹,见图6-4。根据相关资料可知,磨削波纹产生的可能原因:①磨削过程中砂轮和工件间相对振动时波峰和波谷在表面留下波纹;②由于切削液,砂轮等工艺参数匹配不合理产生波纹。第三种类型的小碎纹一般为工艺参数匹配不合理产生的,而前两种类型的波纹与机床振动有关。

（a）大间距斜纹　　　　　　（b）竖纹

图6-4 试件磨削后表面的波纹形状

6.2.2　振动引起磨削波纹的发生规律分析

分析磨削产生波纹发生规律的核心任务是根据工件的转速确定引起波纹振动的频率。分析时作以下合理的约定：切削深度足够大，工件表面都是新产生的波纹。波纹在表面上的分布规律与振动频率之间密切相关。频率越高，则单位时间内在相同距离上留下的纹路数量越多。可以根据式（6-1）进行计算：

$$f = \frac{N}{t} \qquad\qquad (6\text{-}1)$$

式中：N——加工表面波纹数量；

　　　t——磨削加工时，工件转动一周的时间，s。

实际测试中，波纹的数量可能达到几百条，若一一计数，速度会很慢。可在工件表面取几处波纹，量取波纹间距，计算平均间距 d。代入式（6-2）进行计算，上述公式则可具体变化为，

$$f = \frac{\pi D/d}{60/n_w} = \frac{\pi D n_w}{60d} \qquad\qquad (6\text{-}2)$$

式中：D——被加工表面的直径，mm；

　　　d——条纹之间间距，mm；

　　　n_w——回转工作台转速，rpm。

6.2.3　磨削波纹相关的振动类型的确定

工艺系统的受迫振动和颤振均会引起磨削波纹，但二者引起波纹的规律不同。颤振是加工过程中砂轮与工件的相互作用而产生的自激振动，其产生波纹的频率与砂轮主轴转速无关，仅受工作转速影响。受迫振动则是受到周期性外力的作用而产生的振动，其频率与砂轮转速一致。磨削颤振产生的波纹利用式（6-2）计算所得振动频率是固定的，意味着不同工作台转速的情况下振动频率固定不变，且与磨床本身的一个固有频率接近。因主轴动平衡品质不佳导致的受迫振动而产生的波纹利用式（6-2）换算后所得频率与转速基本一致。因此，可以利用上述规律来分析引起磨削波纹振动的类型和频率。

此外，颤振和共振触发条件的不同也可成为判别波纹产生类型的简易方法。颤振可通

过降低进给量来消除，波纹可通过降低切削深度和进给速度来消除，可判断其属于颤振引起。若砂轮在转速提高后，振动降低，波纹消除，可判断为受迫振动。

6.3　A型立式磨床磨削波纹成因分析

在分析立式磨床磨削波纹产生原因时，可进行以下实验：①改变工件加工工艺参数，分析磨削波纹产生的规律；②记录磨削过程振动，分析其振动频谱；③对设备进行激振测定传递函数。上述三个实验中，如果所得关键固有频率能够进行对应，则表明实验结论的依据充分。在实验现场分析时，A型立式磨床完整地进行了三个测试，A型立式磨床磨削测试现场见图6-5。

图6-5　A型立式磨床磨削测试现场

6.3.1　A型立式磨床磨削波纹规律分析

在A型立式磨床上进行了不同工艺参数的组合磨削测试，可得到不同的工件表面的磨削纹理。在现场对A型立式磨床进行了四组磨削实验，其实验的工艺条件和纹理测量结果如表6-1所示。磨削工件的直径 $D=\phi\,650\text{mm}$。磨削实验的工艺参数：砂轮转速 $n_s=4000\text{r/min}$，工作台转速有 $n_w=40\text{r/min}$、25r/min 和 20r/min 三种；砂轮转速 $n_s=3000\text{r/min}$ 时，工作台转速 $n_w=25\text{r/min}$。工件每次磨削时径向进给量极小，直径的缩小可以忽略不计。

表 6-1　A 型立式磨床磨削 ϕ 650mm 工件磨削纹理规律

工艺参数		实验 1	实验 2	实验 3	实验 4
工作台转速 /(r/min)		40	25	25	20
砂轮转速 /(r/min)		4000	3000	4000	4000
大斜纹	间距 /mm	—	15	9	9
	振动频率 /Hz	—	56.7	75.8	75.8
竖纹	间距 /mm	7.5	5	4.8	不明显
	振动频率 /Hz	181.5	170	177	—

将表 6-1 中数据代入式（6-2），可以得大斜纹和竖纹对应振动的频率。通过表 6-1 给出的振动频率分析发现如下规律：大间距斜波纹的频率随着砂轮转速的增加而增加，与工作台转速基本无关；而竖纹发生的频率从 170 ~ 181.4Hz，基本保持不变。通过可得如下结论：大间距斜波纹 [图 6-4（a）] 是由砂轮主轴不平衡引起的受迫振动所致；竖纹 [图 6-4（b）] 则是因磨削过程中产生自激振动而引起，频率为 170~181Hz。

在表 6-1 给出的磨削实验 4 中，工作台转速 n_w=20r/min 时，竖纹不明显。这表明在圆周进给量降低时振动消失，此现象是磨削过程中发生切削颤振的典型证据；这也是频率在 170 ~ 181Hz 附近的振动是磨削中出现自激振动的有力证据。

6.3.2　A 型立式磨床关键部件动态特性的测试

前面波纹规律的分析确定 A 型立式磨床主机结构中存在固有频率为 170 ~ 181Hz 的薄弱环节。根据对 A 型立式磨床结构的分析，薄弱环节可能存在于如下三个部分中：①悬臂的砂轮主轴；②静压浮起的工作台；③立式磨床的床身和龙门架部分。根据笔者测试经验以及 A 型立式磨床的尺寸规格，机床本体的薄弱固有频率应该达不到 170Hz；机床工作台为刚度极大的静压支撑，结构为闭式结构。所以，测试从结构来看最为薄弱的是悬伸很大的砂轮主轴。

根据结构薄弱环节可能性，确定对 A 型立式磨床测试分析顺序：第一，测量锤击主轴前端，主轴前端的传递函数；第二，锤击龙门架或者主轴箱体，测量主轴以及主轴前端响应；第三，测量回转工作台的传递函数。整机测点和激振点分布见图 6-1。本次测量时，只使用三个加速度传感器；一个处测量完毕后，将传感器移至新位置进行测试。

从前后和左右两个方向锤击该磨床悬伸砂轮主轴的下端激振点 1，测试测点 1、2 和 3 的传递函数见图 6-6。从两图线可看出，测点 1 在频率 162.5Hz 处存在响应峰值；主轴前端存在 162.5Hz 的响应频率与前述根据波纹判断所得 170Hz 左右的薄弱频率相近。

为进一步排除拖板、龙门架和床身等部件存在设计缺陷的可能性，进一步锤击 A 型磨床拖板的激励点 2。测点 1、2 和 3 的传递函数见图 6-7；测点 1 存在 102.5Hz 和 162.5Hz 两处响应，但幅值分别降低为原来的 1/2 和 1/10 左右。根据该磨床的结构特点，可以推断 102.5Hz 的响应频率是磨床的龙门架产生的；龙门架是次于砂轮主轴刚度的第二弱环节。

对比图 6-6 和图 6-7 可看出，砂轮主轴所安装的拖板上测点 2 和 3 的响应幅值明显小于砂轮主轴端部测点的响应幅值，说明拖板的动刚度要明显高于电主轴悬伸部分的动刚度。A 型立式磨床因磨削内孔工艺的需要，砂轮主轴被设计为长悬伸结构。此结构降低了主轴—工件之间的动刚度，导致机床的整体动刚度过低。磨床动刚度低导致磨削过程中容易被诱发颤振，进而在磨削工件表面残留下磨削波纹。由测试的传递函数可知，在 162.5Hz 时磨床的动刚度最低，因此立式磨床容易在此频率下发生磨削颤振，形成图 6-4（b）所示的磨削波纹。

对 A 型立式磨床的工作台、夹具及工件进行激振实验，激振点在图 6-1 所示的激励点 2 处，通过另外三处的测点拾取振动响应，获取相应跨点的传递函数，见图 6-8。激振点的响应振幅仅为主轴壳体前端响应幅度的 1/70 左右；响应峰值的频率出现在 95Hz。根据激振力和响应的方向可知，A 型立式磨床工作台抗倾覆的能力为刚度最差方向。从上面的分析可知，A 型立式磨床的工作台及夹具系统具有较好的动刚度，不是产生磨削颤振的主要因素。

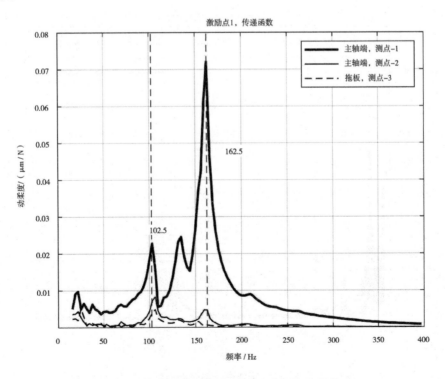

图 6-6 A 型号立式磨床锤击主轴前端时各点传递函数

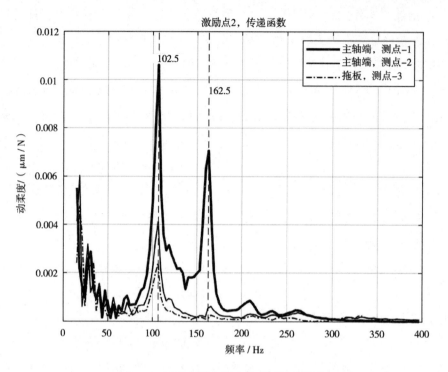

图 6-7 锤击砂轮主轴安装座时传递函数

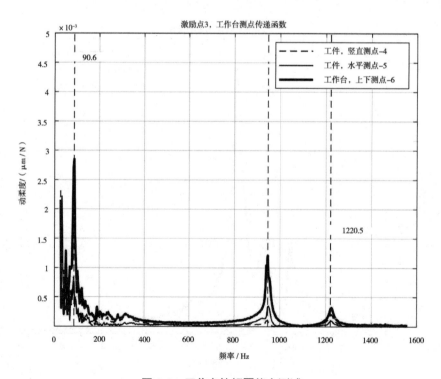

图 6-8 工作台抗倾覆能力测试

6.3.3 A 型立式磨床磨削振动实验分析

磨削波纹分析表明立 A 型式磨床在磨削过程中有颤振发生，因此对磨削过程中的振动信号的频谱进行分析，将能更清晰地对磨削过程中的颤振进行分析。分如下二种情形对磨削过程的振动信号进行分析：①砂轮主轴为原结构，进行磨削；②安装砂轮主轴辅助支撑架，砂轮主轴 3600r/min，工作台 25r/min。

第一种情形下，测量测点 1、2 和 3 的振动，进行傅立叶变换后得到振动响应的频谱，如图 6-9 所示。根据分析可知：砂轮主轴动平衡品质不佳是产生频率 60Hz 振动的原因，导致磨削工件存在大间距斜纹；频率 180Hz 左右振动是与机床固有频率 162.5Hz 所对应的磨削颤振，使得磨削工件存在竖纹。

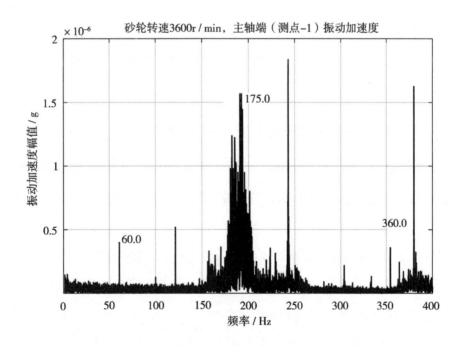

图 6-9　A 型立式磨床主轴转速 3600r/min 的振动响应

6.3.4 A 型立式磨床薄弱环节确定

通过对 A 型立式磨床的实验测试分析，可得如下结论：加工工件表面上的大间距斜纹是由于砂轮主轴动平衡品质差所致；加工工件表面上的竖纹是由于机床结构存在 162.5Hz 薄弱环节，磨削过程中发生了颤振所致；磨削工件表面的小碎纹应为磨削工艺所致。

确定结构存在薄弱环节的整体分析是消除磨削波纹的核心问题。根据图 6-6 中主轴前端加速度响应幅值为拖板上响应幅值的 9 倍左右；利用傅里叶变换性质确定位移幅值响应为 3.5 倍左右。A 型立式磨床的砂轮主轴是磨床最关键的薄弱环节。从消除薄弱环节难易程度来看，消除大间距斜纹只需进行重新动平衡即可，而消除竖纹需要对主轴进行加固。拖板、床身和龙门架等大型支承件的刚度无须重新设计，现有设计能够满足要求。

6.4　B 型立式磨床磨削波纹成因分析

B 型立式磨床的加工规格比 A 型要大，加工对象为阀门，坚决避免竖纹的出现。机床已经处于不完备状态，无法再进行成组的磨削实验；现场只有一只存在磨削波纹的工件。机床虽不完备，但可测定该磨床主要部件的传递函数。

6.4.1　B 型立式磨床磨削波纹规律分析

在对 B 型立式磨床进行测试分析时，根据现场一个已加工工件内表面波纹状况判断设备的振动情况。工件的直径 $\phi730\text{mm}$，波纹以竖纹为主，间距约 4mm。该工件加工的工艺参数：工作台转速 $n_w=5\text{r/min}$，主轴转速 2000r/min。将上述数据代入式（6-2）计算可知，波纹频率约 48Hz。波纹确定振动频率为 48Hz，高于砂轮的激振频率 43%。根据上述数据确定，B 型立式磨床自身存在一个 48Hz 的薄弱环节，磨削过程中产生了自激振动。

B 型立式磨床的薄弱环节对应的固有频率为 48Hz 左右，也是对机床进行动态性能测试的主要目标。此频率较低，考虑机床规格较大，意味着存在机床主机设计不合理导致出现磨削纹路的可能性。此时，需要对机床主机进行重新设计才能满足对性能的要求，周期极长。考虑到设备需要进行快速交货的需要，对此设备的动态性能测试首先以判断主要结合面直接结合可靠性为主。

6.4.2　B 型立式磨床关键部件动态性能测试

B 型立式磨床可能存在的薄弱环节：①砂轮主轴；②滑枕旋转锁定装置；③工作台；

④机床主体。对该立式磨床测定了如下五种激励情形的传递函数：

第一，锤击砂轮主轴下端（图6-2中激励点1）；第二，锤击砂轮主轴壳体（图6-2中激励点2）；第三，锤击滑枕下端（图6-2中激励点3）；第四，开启静压锤击工作台边缘（图6-2中激励点4）；第五，关闭静压锤击工作台边缘（图6-2中激励点4）。对B型立式磨床的测量点，一共有六个，见图6-2。

为测定主轴的固有频率，分别敲击主轴本身下以及主轴壳体下部，其传递函数如图6-10和图6-11所示，可知主轴的响应频率在125Hz左右。敲击滑枕的下部，其传递函数如图6-12所示，存在一个响应频率为50Hz左右的峰值，这说明滑枕的锁定装置存在一个频率为50Hz的回转响应。

敲击工作台表面，测量工作台对侧的响应，得传递函数，见图6-13和图6-14。图6-13是在工作台静压装置开启时测得的传递函数；图6-14是在静压装置关闭时测得的传递函数。可看出工作台存在一个响应频率为50Hz的固有频率频率，开启静压与不开启静压的频率响应基本相同。

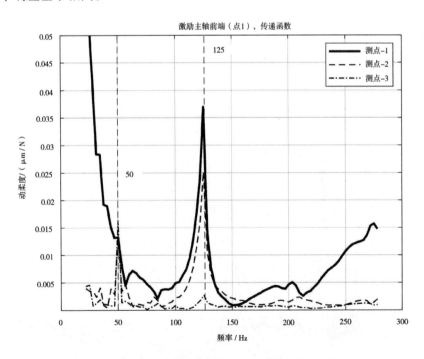

图 6-10　B 型立式磨床砂轮主轴前端传递函数

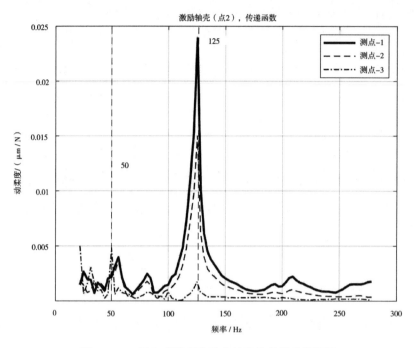

图 6-11　B 型立式磨床砂轮主轴壳体前端传递函数

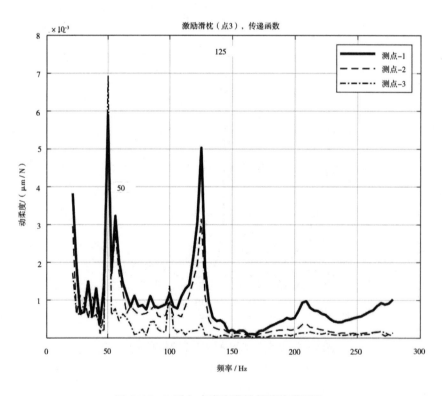

图 6-12　B 型立式磨床滑枕前端传递函数

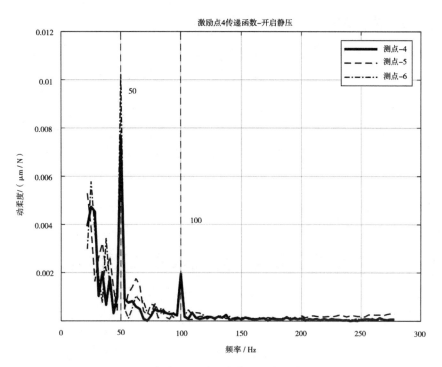

图 6-13　开启静压 B 型立式磨床工作台点传递函数

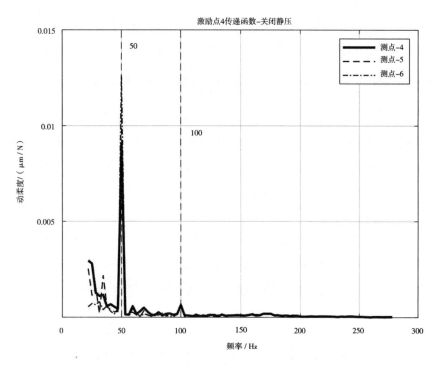

图 6-14　关闭静压 B 型立式磨床工作台点传递函数

6.4.3 B 型立式磨床薄弱环节分析

前面的测试结果表明，B 型立式磨床的回转锁定装置和采用闭式静压轴承的回转工作台都存在 48Hz 的响应，它们都可能是造成机床产生磨削波纹的薄弱环节。分析二者结构，从与结合部分有关的结构组成元素中寻找最薄弱的环节。滑枕的回转机构中锁定装置由碟形弹簧提供锁紧力，锁紧力不足可能造成的回转刚度不足，从而导致 48Hz 的薄弱频率产生。工作台抗倾覆能力的测试结果表明，闭式静压轴承启动与否对回转工作台的抗倾覆刚度基本无影响，应该重新检查静压轴承的工作状况是否达到设计参数的要求。

6.5 两型号立式磨床消除波纹的工程措施

针对两型机床不同的薄弱点，采取对应的补救措施。对 A 型立式磨床采用主轴加固措施，对 B 型立式磨床开展了装配质量复查，对不符合装配技术要求的环节进行补救。经检查后发现存在以下装配问题：①静压供油系统主溢流阀的开启压力为 1MPa，无法达到设计要求的 3MPa；②滑枕锁紧机构的碟形弹簧有损坏。后续措施：将静压系统供油压力提高至 3MPa，重新调整静压回转工作台，更换损坏的碟形弹簧。

6.5.1 A 型立式磨床砂轮主轴加固措施效果分析

由图 6-15 幅值对比可以看出，在 246.5Hz 处主轴的响应幅值为 163.5Hz 的 20% 左右。这表明，安装辅助支撑架后，主轴的动刚度得到大幅度提高。产生此现象的原因：①加入锥形套后，主轴的刚度得到了提高；②主轴安装架与辅助支撑架之间装有的胀紧套引入了摩擦，增加了系统的阻尼，对提高系统的动刚度也有极大的帮助。

砂轮主轴安装辅助支撑架后，对内孔直径为 430mm 的工件进行了磨削，确定加工后的磨削效果。图 6-16 为在主轴转速 3600r/min、工作台转速 20r/min 时的振动频谱；看出其中与主轴固有频率接近的频率都没有出现。这表明主轴在动刚度增加后，基本可以满足目前加工要求。测量后工件表面的粗糙度有了肉眼可见的下降，这是主轴动刚度增加带来的良好效果。

磨削后的工件表面还存在一个大斜纹，这表明砂轮的动平衡需要改善。图 6-16 的频谱表明，存在与砂轮主轴转速 3600r/min（60Hz）相对应的振动响应频率，且振动位移较大。这表明主轴的动平衡品质不佳，需要进行动平衡工作，动平衡后大斜纹即可消除。动平衡工作宜在设备交付现场进行，保证平衡后的砂轮可用于生产中。

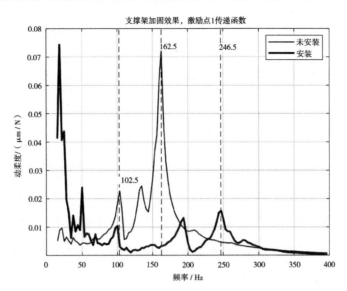

图 6-15　安装辅助支撑架后敲击主轴前端（左右）的传递函数

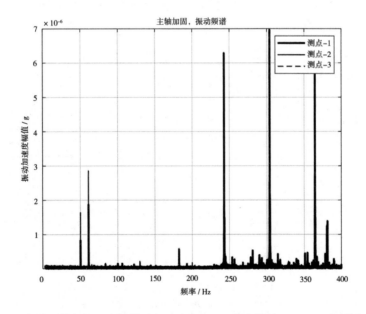

图 6-16　安装支撑架后，主轴转速 3600r/min、工作台转速 20r/min 磨削振动频谱

6.5.2　消除 B 型立式磨床磨削波纹的工程措施

对 B 型立式磨床的装配质量开展检查。检查部位：滑枕锁定装置的预紧弹簧，回转工作台的静压系统。发现存在如下问题：锁定装置内的六组弹簧中的一组损坏；静压供油系统供油压力不足，只有设计参数的一半。根据检查结果，采取如下措施：更换弹簧，提高

供油系统压力。重新装配和调整后，成功消除工件波纹。

6.6　A型立式磨床悬臂主轴加固措施

对 A 型立式磨床主轴采取加固措施，通过有限元分析方法确定改进方案的有效性。有限元分析建模的过程分两个阶段：第一阶段，将外壳和内部主轴简化为梁单元进行有限元分析建模；第二阶段，根据工程图纸，采用实体单元进行建模，仅进行最终改进方案的验证。采用梁单元进行建模时，整个模型单元数量仅为 211 个；其优点是耗时极短，即使进行多次谐响应分析耗时也在可接受范围内。

在提高主轴刚度的方向于主轴的中部增加一个辅助支撑。通过从上向下移动 100mm、150mm 和 200mm 进行分析，获得其模态和谐响应分析结构。谐响应分析结果见图 6-17。接下来，转换成一个具体的工程结构。考虑磨床可磨削最小内控直径的要求，如图 6-18 所示，采用锥形结构，兼顾了提高刚度和空间干涉的矛盾。

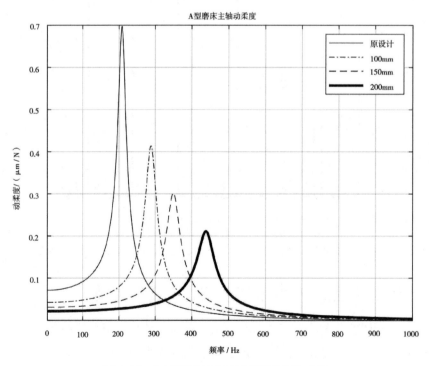

图 6-17　加固位置对主轴动柔度的影响分析

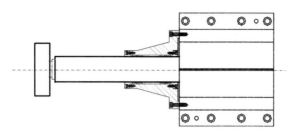

图 6-18　主轴附加的加固结构图

6.7　本章结论

磨削作为一种重要的精加工方法，出现波纹一种常见的严重影响加工质量的现象。根据文中给出的公式，可简便快速地计算出波纹发生的频率。将此频率与固有频率和磨削过程中的频率对比，便可确定波级产生原因。

利用锤击法只测量设备关键部分的传递函数，确定其固有频率；测量设备在磨削过程中的振动信号、变化并确定其频谱。波纹的发生频率与固有频率相近，可确定波纹由刚度不足所致。如与转速频率相近，则是动平衡品质不佳所致。对刚度不足的问题可通过增加辅助结构或对机床结构进行根本修改的方法来解决。动平衡品质不佳则属于工艺问题，需要对砂轮重新离线动平衡。

对两个立式磨床的改进措施：在 A 型立式磨床悬伸主轴的尾部增加锥形支撑套，更换 B 型立式磨床滑枕锁紧机构压紧弹簧，改良静压工作台静压系统。磨削加工后，波纹消除，表面加工质量得到改善。通过实验测试可快速确定磨床产生波纹的根源，以便有针对性地开展改进工作。

机床动静态优化经验总结

前面介绍了综合利用数值仿真软件和实验测试方法进行机床动静态性能优化的实例，给出了一套综合利用上述技术进行结构动静态特性优化的方法。利用实验测试和结构分析经验确定机床出现动静态不良的薄弱环节，利用数值分析方法修改结构，可快速有效地确定结构的最优方案。

如能够总结其中的设计规律和原则，可指导设计人员在初次设计时就设计出性能接近最优解方案的样机。如果能够在初始设计中获得良好可用的样机产品，可缩减产品后续优化过程的时间和成本，提高优化设计的改良程度。样机产品如能达到投放市场的程度，则会带来巨大的经济效益和社会效益。

7.1 机床设计中常见问题动静态特性问题

目前，机床设计中涉及两种类型的动静态特性问题：第一，机床传动机构在高速运动时引起的不平衡问题；第二，机床结构支承件的动静态特性问题。

第一类问题，机床传动链存在的惯性激振力问题，可分为旋转部件的动平衡问题和存在偏心的运动机构问题。随着主轴转速的提高，主轴偏心引起的周期性激振力越来越大。依靠强力进行工作的设备，常用不同类型的杆机构作为运动形式变换或者增力的方法。设备运行时机构的惯性力和惯性力矩会引起设备的振动，高速运行时更为剧烈。

第二类问题，机床支承件的设计。任何机械加工设备都需要一个强健的机架作为工作部分的基础。目前，机床支承件制造材料以铸铁为主，对机床支承件的优化设计就是寻找合理的内部筋板布局和一些参数的过程。一个优秀的机床支承件就是要有高的静态和动态刚度。

7.2　提高传动机构动态特性的优化方向

目前，某些加工机床因受力或运动的需要存在一定的传动机构，提高其动态性能对改善机床的加工性能有十分重要的意义。根据传动机构的特点，可将其分为两类：第一类，由回转部件组成的增速或者减速传动结构；第二类，将旋转运动转换为往复运动的杆机构，可将电机单向旋转转换为往复运动，或者用于获得很大的增力传动。根据这两类机构的特点，采取不同的改进措施。

第一类由回转部件组成的传动机构，主要进行良好的动平衡和降低部件啮合时的冲击力。此类机构产生的激振力有零件因偏心在高速旋转时产生的离心力和齿轮类啮合零件产生的冲击力。降低零件离心力影响，要根据技术要求将零件平衡至符合技术要求的动平衡量级。在强度允许的情况下，采用同步带等柔性传动部件替代齿轮传动，可有效降低冲击带来的振动。

第二类往复运动机构存在于伺服冲压机、机械传动插齿机和轴承精研机等设备中，运行时产生的振动力和振动力矩会使设备产生极大的振动。对此类机构有以下四种措施可解决整体振动问题。

措施一，降低结构构件质量。此措施依赖于新材料的出现和优化设计方法的出现。降低运动构件质量还可降低轴承载荷和驱动电机功率，可谓一举多得。此措施的效果取决于构件的减重程度。

措施二，改变传动机构的构型。前述精研机还有采用如图 7-1 所示的传动机构，该机构的质心运动轨迹近似圆形，十分便于进行平衡。但图 7-1 所示结构球铰链对材料的要求较高，这是限制其推广应用的主要因素。

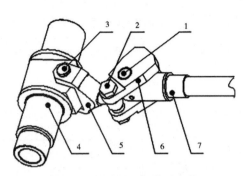

图7-1　精研机五杆传动机构

1—转动副1　2—球铰链　3—转动副2　4—主轴　5—摆臂　6—拨动臂　7—输入轴

措施三，采用电机直驱来代替一部分或者全部的传动机构。随着电子电力技术发展，电机可直接输出往复摆动，故可替换传动机构。例如精研机已经可采用伺服电机直接驱动研磨头进行摆动，完成研磨加工，此时设备已经没有振动力，只剩振动力矩。

措施四，对机构附加配重以降低整体的震动力和震动力矩。附加配重后，会使轴承载荷增加。采用此措施时，要求设备机体的刚度足够大，避免出现因轴承载荷增加导致机体出现分离趋势，进而产生不利影响。

7.3　提高结构支承件的动静态特性规律总结

组成机床主机的支承件是机床的骨架，其动静态性能对整个设备切削性能有决定性影响。应根据其功能要求设计不同结构的支撑部件。因此，不同类型机床的支承件的构型和尺寸有较大区别，总结其中设计规律有助于快速设计出性能优良的支承件。

机床多个支承件被螺钉、导轨和丝杠等部件连接成一个完整的功能整体。螺钉连接后形成两个部件之间的固定连接部位，要求在振型中表现为一体振型。导轨和丝杠等运动功能部件，设计时要选择动静态性符合要求的标准件。运动功能部件一般为标准结构，设计者要根据工作条件选择符合性能要求的类型和规格。

7.3.1　提高结构件单体动静态特性的规律

若想使机床支承件获得良好的动静态特性，就要设计合理的内部布局、足够刚度的接口和合理的厚度。图7-2给出了一个性能优良支承件的设计所需考虑的五方面因素：筋格形状、筋板厚度、筋板上出砂孔的大小和形状、接口部分的厚度和筋板布局。

```
                    ┌─────────┐      ┌──────────────────────────────────┐
                  ┌─┤ 筋格形状 ├──────┤ 采用矩形筋格不仅性能优良，且工艺性能优良 │
                  │ └─────────┘      └──────────────────────────────────┘
┌──────┐          │ ┌─────────┐      ┌──────────────────────────────────┐
│支承件优│        ├─┤ 筋板厚度 ├──────┤ 静刚度与板厚成正比，对固有频率基本无影响  │
│化设计主│        │ └─────────┘      └──────────────────────────────────┘
│要考虑因│────────┤ ┌─────────┐      ┌──────────────────────────────────┐
│素    │         ├─┤ 出砂孔   ├──────┤ 承载主筋板的出砂孔尺寸越小对性能影响越小；│
└──────┘          │ └─────────┘      │ 不超过筋格边长50%，不会产生明显不利影响  │
                  │                  └──────────────────────────────────┘
                  │ ┌─────────┐      ┌──────────────────────────────────┐
                  ├─┤ 接口部分 ├──────┤ 为导轨、大结构件或丝杠座等安装部分，要局部│
                  │ └─────────┘      │ 加强；厚度不宜小于70~100mm          │
                  │                  └──────────────────────────────────┘
                  │ ┌─────────┐      ┌──────────────────────────────────┐
                  └─┤ 筋板布局 ├──────┤ 在主要受力方向筋板加密，其他方向适当降低  │
                    └─────────┘      └──────────────────────────────────┘
```

图 7-2　支承件优化设计的主要考虑因素

选择合理的筋格形状，形成良好的结构布局。根据第 3 章对结构在承受完全和扭转载荷的分析可以看出，筋板要布置在与载荷一致的方向上。目前，机床都是运动轴为相互垂直的关系，因此选择矩形筋格会获得较好的动静态性能。筋板还要为通筋结构，避免内部出现交错结构。

影响支承件动静态性能的设计参数有：筋板厚度、筋板间距以及筋板出砂孔尺寸和形状。筋板厚度主要影响支承件的静刚度，增加厚度可成比例地增加静刚度。增加筋板厚度，成比例地增加构件的质量和刚度，其固有频率基本不变。减小筋板的间距也就是增加筋板密度可改善结构的固有频率。筋板上出砂孔选取圆形对固有频率的影响最小，出砂孔的尺寸不超过筋格尺寸的 50%，则对固有频率的影响可忽略。如图 7-3 和图 7-4 所示，设计时保证 $a/L \leqslant 50\%$，$b/W \leqslant 50\%$；即（椭）圆形出砂孔长轴和短轴的尺寸不超过矩形筋格边长的 50%，矩形出砂孔边长不超过对应筋格边长的 50%。

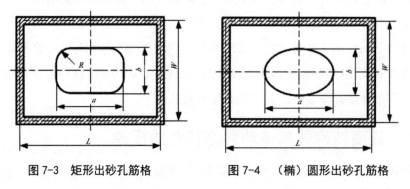

图 7-3　矩形出砂孔筋格　　　　图 7-4　（椭）圆形出砂孔筋格

对导轨或与其他部件的连接处要特别加强。常见的导轨处的设计有两种方法：高度较低，做成整体式加厚的实体结构，见图 7-5（a）；高度较大时，则可做成上部加厚，下部为两侧支撑筋板，中间加入横筋的结构，见图 7-5（b）。导轨安装处的厚度不宜小于 60mm；如果厚度过大以至于超过铸造工艺允许范围，可考虑加入冷铁。

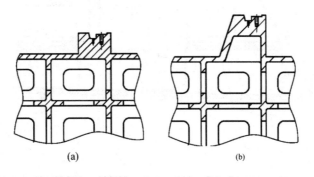

(a)   (b)

图 7-5 支承件导轨安装处的设计结构

根据前面的原则构造完一个大致满足要求的支承件后，还需要根据其承载调整筋板布局，进一步提高支承件的动静态性能。原则一，增加结构件轮廓尺寸比增加筋板厚度对提高刚度更有效，比如提高床身高度，可比床身筋板厚度更有效地增强其抗弯刚度。原则二，将支承件的筋板向接口部分进行加密，对非承载部分的筋板可适当增加间距，如导轨安装处的下部至少安排一根筋板，且筋板的厚度可适当增加。原则三，可适当增加非主要承载方向出砂孔的尺寸，兼顾铸造时清砂的方便性。

7.3.2 提高整机动静态特性的有关设计规律

机床整体有优良的动静态特性才能有优良的切削性能，还要综合考虑构成机床多个组成支承件之间的关系。遵守这些原则，在进行整机布局时根据设计情况考虑如何具体应用。

原则一，整机构造时，尽量减小机床主轴轴线的悬臂距离。此原则的具体实施方法：①尽力减小主轴箱的高度；②缩短基础支承件主轴箱安装接口的悬臂距离。第一种方法就是充分压缩各种不必要的空间，减小主轴箱本身的高度。图 7-6 所示为某盘形零件磨床专机，设计时要尽量压缩主轴箱高度 H_G 和主轴箱 H_b，这样才能够使得主轴轴线距离床身导轨总高度 H_0 尽量减小。第二种方法，将基础支承部件各主轴箱安装部分进行连接，可有效缩短悬臂距离。如图 7-6 所示，在 I 区域内将砂轮主轴箱（图 7-6 中 2）与工件主轴箱下部导轨进连接，此时主轴箱的悬臂距离从 H_0 被缩短到了 H_G。有限元分析表明，此措施可提高整机固有频率 8%。

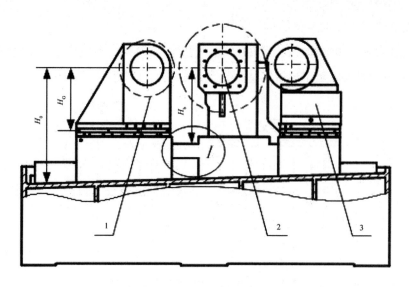

图 7-6　降低主轴与构件的悬伸距离

1—工件主轴箱　2—砂轮主轴箱　3—修正砂轮主轴

原则二，合理地遵循"等刚度原则"。等刚度原则，是机械设计中普通提倡的一个设计原则。但在机床设计中此原则可引申为：结构尺寸和重量较大的部件采用等刚度原则；尺寸和质量较小的部件，可适当提高其刚度。对大型部件采用等刚度原则，避免出现材料浪费；对小质量部件适当增加质量，基本不增加整体的材料成本，但可极大地避免出现因小失大的现象。

原则三，改善螺栓连接部分的刚度，先增加直径，再增加数量。如图 7-7 所示，将图中螺钉直径增加一倍，其刚度可以提高四倍；若螺钉件间距增加一倍，刚度成比例地提高一倍。根据笔者的资料来看，螺钉之间的间距最小为 80mm，一般为 120 ~ 200mm；螺钉直径与机床有关，但一般在 16mm 以上。考虑到其成本较低，可按照间距较密和螺钉大直径的布局方式设计。

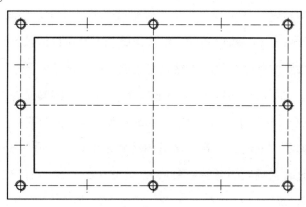

图 7-7　固定结合面连接螺钉分布

原则四，新机床开发过程中进行整机布局时，在满足功能需求的情况，尽力采用不会严重削弱强度的构型。如前述的螺旋锥齿轮铣齿机，开发的 C 型铣齿机可以避免前述 A 型和 B 型铣齿机立柱存在开口的薄弱环节。

原则五，适当增加运动功能部件的规格。机床一般包含导轨和丝杠等运动功能部件，在模态实验的实测振型中，往往表现为薄弱环节。根据机床行业经验，给出以下建议：根据功能部件的设计计算公式求得合适规格，若对动静态性能要求十分严格，设计时采用比计算值大一号的规格。

7.3.3　支承件动静态性能对板厚的灵敏度分析

设计一个动静态性能优良的支件，除具有合理的筋板布局外，还需要根据板厚参数灵敏度和工艺约束确定合理的参数。第三章对床身的板厚和出砂孔尺寸两个设计参数与其固有频率和静刚度两个指标的灵敏度进行分析。为扩大上述设计参数灵敏度分析结论的适用范围，对图 7-8 的圆柱齿轮铣齿机立柱的板厚设计参数灵敏度进行了分析；对底面施加约束，前端导轨面施加均布载荷。

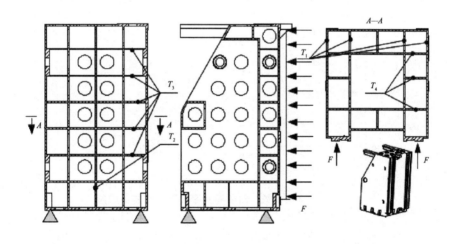

图 7-8　某圆柱齿轮机床立柱结构简图

A—约束位置　F—导轨处均布静载荷

立柱约束态固有频率和静刚度对板厚的设计参数灵敏度结果，见图 7-9~ 图 7-12。分析时，立柱的板厚参数从 12mm 增至 35mm，第一阶固有频率最大变化量不超过 16%，静刚度与板厚成正比。从分析结果还可看出，不同位置筋板厚度对整体动静态性能的影响程度是不同的：承载方向的筋板厚度设计参数 T_1 和 T_2 对其静刚度的影响是最大的。

支承件动静态性能与板厚、出砂孔设计参数的灵敏度关系如下：①板厚对固有频率的影响很小；②静刚度随板厚的增加，成正比例增加。因此，支承件优化设计时顺序：①根据指导性原则，布置筋板布局；②对接口处的筋板进行局部加强，此处的设计参数确定后一般无须调整；③根据分析结果，增厚承载方向的筋板厚度，甚至可以增加此方向筋板的密度。

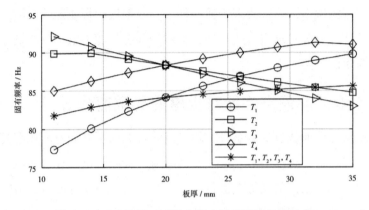

图 7-9　约束态第一阶固有频率关于板厚的灵敏度

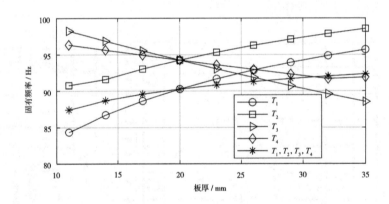

图 7-10　约束态第二阶固有频率关于板厚的灵敏度

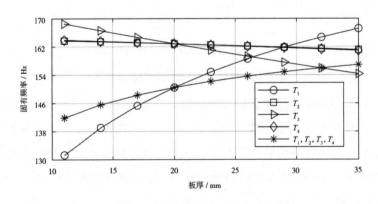

图 7-11　约束态第三阶固有频率关于板厚的灵敏度

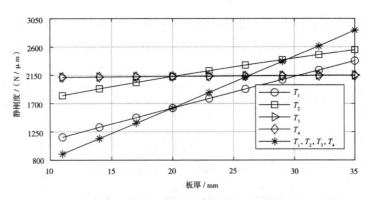

图 7-12　立柱静刚度对板厚的灵敏度

7.4　提高结构动静态特性设计原则的工程实例

　　将上述设计原则用于指导新型机床的设计过程，可使结构件具有优良的初始设计；可使分析优化设计工作更加聚焦结构的细节。下面的机床结构案例是在总结前面经验的基础上，进行的结构分析和优化工作。

7.4.1　在圆柱齿轮铣齿机主机设计上的应用

　　该机床是针对大模数圆柱内外齿轮的粗加工而设计的立柱结构的机床，设计目标是保证具有良好的动静态特性，可进行高效加工。因此，在设计阶段要保证支承件有足够好的动静态特性。整机结构如图 7-13 所示，包含床身、立柱、滑板、回转工作台和铣刀架。

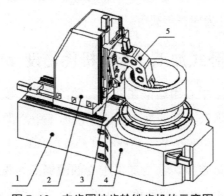

图 7-13　内齿圆柱齿轮铣齿机的示意图

1—床身　2—立柱　3—滑板　4—回转工作台　5—铣刀架

该圆柱齿轮铣齿机的床身和立柱内无须布置众多的传动部件，设计时参照前述原则进行了筋板布局。立柱为上部移动部件，但因立柱的移动速度较慢，主要考虑如何提高其刚度。设计过程中，严格遵守筋板布置前述原则，床身设计完毕后内部筋板见图7-14。

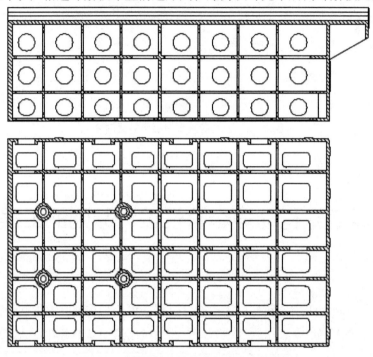

图7-14　某圆柱齿轮铣齿机床身内部筋板

该机床切削性能良好，在新样机实验时，受刀具质量的限制其切削极限无法测出。使用 ϕ420mm 硬质合金盘状铣刀进行加工，最高可达到客户要求金属切除效率的两倍。该产品在市场上受到广泛欢迎，在大批量内齿圈加工中起到中坚作用。

鉴于该机型主要构件的良好动静态性能，以其立柱、床身和工作台作为共用模块，发展了一系列圆柱齿轮机床产品。规格从 ϕ1600mm 至 ϕ6300mm；功能含盖滚齿机、外齿圆柱齿轮铣齿机和通用圆柱齿轮铣齿机等。

7.4.2　在箱中箱卧式加工中心整机优化设计中的应用

箱中箱结构的卧式加工中心用动框在外框移动的结构，实现了高速运动，但也限制了动框的轮廓尺寸，进而降低了其动静态性能。该加工中心的结构见图7-15，对其进行动静态性能数值分析表明，薄弱环节为动框。其动框的原始结构如图7-16所示，动框的两个侧墙上下端部有一半被连接，这是加工中心的薄弱点，见图中的 I 和 II 处。优化过程中，增加框架宽度尺寸 W，伸出两触角，见图7-17，此改进设计不会增加定框的宽度。增加定框的上下导轨高度差，使得新结构动框安装后，主轴位置不会发生变化，不影响设备的加工范围。

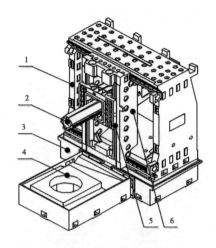

图 7-15 箱中箱布局卧式加工中心

1—定框 2—滑枕 3—后床身 4—前床身 5—主轴箱 6—动框

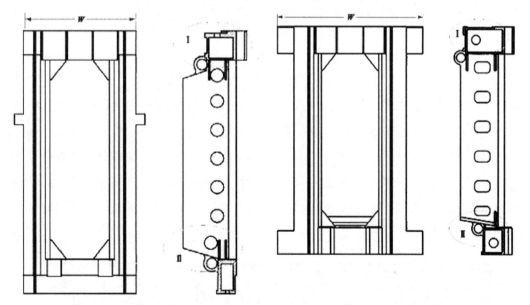

图 7-16 动框初始设计　　　　　　　　图 7-17 动框优化设计

对箱中箱结构卧式加工中心进行结构设计时，各件均遵守了各设计原则。但通过结构分析发现，设备薄弱环节在于动框。鉴于动框薄弱环节在于其外阔尺寸较小，需进行加大，定框刚度较大，可适当改变形状。通过对二者布局的综合调整变化，使机床在保证加工范围不变的情况获得了更好的动态性能。

7.4.3 立式磨床优化设计中的应用

立式磨床目前普遍采用如图 7-18 所示的结构，由回转工作台、床身、立柱、右滑板和主轴箱等部分组成。对床身部分的设计参照前设计原则进行筋板布局，而立柱可类比经济型数控龙门铣床横梁与立柱的组合进行筋板布局，认为立柱是横梁和两立柱的叠加。

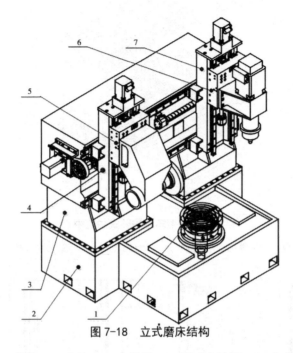

图 7-18　立式磨床结构

1—回转工作台　2—床身　3—立柱　4—左滑板　5—卧式主轴箱　6—立式主轴箱　7—右滑板

其上部立柱的初始布局如图 7-19 所示；对整机优化后结构改为图 7-20 所示结构。对比两结构，图 7-20 结构可保证整个立柱与下部床身全部接触，不出现悬空的部分；优化后的立柱的筋板更向上部和下部接种，使立柱的抗弯和抗扭能力获得加强；立柱的导轨下部厚度采用实体结构；外壁板厚大于内部。经过上述优化过程后，主机固有频率增加 15% 左右。

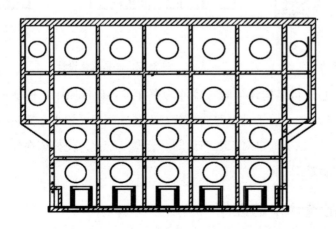
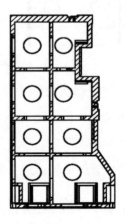

图 7-19　立式磨床立柱初设设计

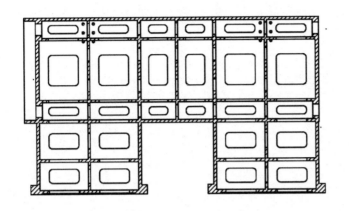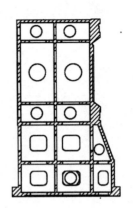

图 7-20　立式磨床立柱投产方案

7.5　本章结论

数控机床动静态性能与其内部传动部分和主机支撑件密切相关。对其进行优化设计涉及多种实验测试技术和数值分析方法，需要花费较多的时间和物质成本。总结各种类传动结构和支承件的设计规律，可以指导设计者直接构造出近优的设计方案。

通过圆柱齿轮铣齿机、立式磨床的实例说明本章总结的机床支承件的优化设计规律是有效的。通过设计规律可快速构造出较少数量的近优方案，配合参数灵敏度可根据性能要求快速配置各种参数组合；通过数值分析方法可快速有效地筛选出符合工艺要求、性能优良的机床支撑件。

总结和展望

本书总结的案例涉及轴承外圈沟槽精研机、螺旋锥齿轮铣齿机、数控龙门铣床、立式磨床等。优化设计的具体内容主要涉及机床传动部分和支承件两部分。给出的内容和结论涉及如下三方面：

（1）对机床支承件的结构优化问题。通过数值分析方法提高机床结构的动静态特性，并总结其设计规律和设计参数的灵敏度分析。设计者可根据上述设计原则的指导，设计出性能较好的支承件。文中还给出一些其他典型构件的内部筋板布局形式。

（2）利用实验测试方法分析机床结构的薄弱环节。一种是利用动静态测试设备对机床进行测试流程和分析数据的方法；另一种是对切削工件波纹进行分析获取机床设计缺陷的方法。

（3）给出了对存在往复运动机构的轴承精研机进行提速改造的措施。这些措施经过实验验证，效果明显。

希望上述工程实例和总结，能够为工程设计人员改善机床产品提供一定参考和借鉴。在上述工作基础上，进一步提出如下设想：

（1）下一步研究机床动静态特性和积累工程数据，找出针对不同类型和不同客户需求的机床在新产品设计时的动静态特性指标，方便工程人员利用该指标指导机床设计工作。

（2）结合数控技术和电力电子技术发展状况，开展新型往复传动机构的研究。新型机构能够降低对设备的激振作用，同时能够满足对工作性能和节能的要求。

（3）开发简易的、具有分析功能的测试仪器，将工况输入设备后，可协助机床设计人员分析出现问题的原因和需要采取的措施。

参考文献

[1]石端伟.机械动力学[M].北京：中国水利水电出版社，2018.

[2]安子军.机械原理[M].北京：国防工业出版社，2020.

[3]周湛学.图解机械原理与构造[M].北京：化学工业出版社，2022.

[4]姜晨，叶卉.精密加工技术[M].武汉：华中科技大学出版社，2021.

[5]娄锐，王存雷，梁宇栋.数控机床[M].大连：大连理工大学出版社，2021.

[6]韩迷慧，孙志强.数控机床检测与维修[M].沈阳：东北大学出版社，2022.

[7]陈棒棒，马保建，王立强，等."新工科"背景下《机械运动学与动力学》课程教学
内容的改革与实践[J].农业工程与装备，2021，48(5):55-57.

[8]徐震，朱封涛.机械振动力学在现代工业中的应用[J].内燃机与配件，2021(9):210-211.

[9]郭宁利.基于有限元分析法的立式精密磨床立柱优化设计[J].机械设计与制造工程，
2020，49(9):28-32.

[10]文广，苏睿，姚锟，等.基于有限元法的电力巡线机器人机械结构动态特性分析[J].
机械，2020，47(1):41-45.

[11]王建华，仲梁维，王书文，等.基于有限元对机床动态特性优化的研究[J].农业装备
与车辆工程，2019，57(10):5.

[12]董立磊，李开明，葛帅帅，等.基于模态分析的并联机床动态特性的研究[J].组合机
床与自动化加工技术，2019(7):4.

[13]陈长锋.物理原理在机械设计中的应用[J].造纸装备及材料，2021，50(9):84-85.

[14]李凌霄，成群林，平昊，等.立式四轴舱体内腔加工专机机械动力学建模与分析[J].
制造技术与机床，2022(8):7.

[15]王建华，仲梁维，王书文，等.基于有限元对机床动态特性优化的研究[J].农业装备
与车辆工程，2019，57(10):5.

［16］吴利平，钱靖.微机械动力学研究与发展 [J].机电工程技术，2019，48(6):2.

［17］胡辰.环境微振动作用下超精密机床动力学分析及基础隔振技术研究 [D].南京：南京理工大学，2020.

［18］张凯.面向机床动态特性的支承件质量匹配研究 [D].大连：大连理工大学，2020.

［19］邢少群.HKC6300 卧式加工中心动静态特性分析与优化 [D].郑州：华北水利水电大学，2021.

［20］甘盛霖.九轴五联动机床动静态特性分析与结构优化方法研究 [D].贵州：贵州大学，2021.